Helga Buchter-Weisbrodt

Kürbisse für den Hausgarten

Inhalt

Vorwort

Was wäre ein Herbst ohne eine köstliche Kürbiscremesuppe, ein frischer Sommersalat ohne die knackigen Kürbiskerne und deren aromatisches Öl? Kürbisse sind wahre Multitalente in unseren Gärten: Sie machen Freude, weil sie leicht zu pflegen sind, die Früchte sind zum Verzehr oder als Dekoration vielfältig verwendbar und die Zierkürbisse erfreuen das Auge. Die herbstlichen Kürbisfeste sind ein weiterer Beweis für die Popularität dieser Pflanze.

Die niederösterreichische Aktion »Natur im Garten« bietet bereits seit Jahren Tipps für den natürlichen Gemüseanbau im eigenen Garten. Die Vorteile liegen auf der Hand – kein Einsatz von Kunstdünger und Spritzmittel, absolute Frische beim Verzehr und die Freude, der Pflanze beim Wachsen zusehen zu können. Der Kürbis ist dafür ein ausgezeichnetes Beispiel: er ist nicht anspruchsvoll und der Erfolg stellt sich schnell ein. Somit ist er die richtige Einsteigerpflanze, bleibt aber auch für Profis weiter interessant. Da wir bei unseren Veranstaltungen und am niederösterreichischen Gartentelefon immer wieder merken, welch großes Interesse an dieser besonderen Pflanze besteht, entstand die Idee, die wichtigsten Fakten kompakt zusammenzufassen.

Das vorliegende Buch bietet Ihnen somit eine Fülle interessanter Einblicke in die Welt des Alleskönners Kürbis. Lassen Sie es sich schmecken!

Landeshauptmann Dr. Erwin Pröll

Landesrat Mag. Wolfgang Sobotka

Kürbis – »Die dritte Schwester«

Der »gewaltige Sohn der Erde«, wie die alten Griechen den Kürbis bezeichneten, war zu allen Zeiten ein botanisches Mirakel. Das opulent wuchernde Gewächs, mit seinen ungeheuren Blattmassen, besticht durch unglaublichen Farben- und Formenreichtum. Die bunten Herbstgesellen bringen gute Laune in den Garten und auf den Tisch. Dem kulinarischen Hochgenuss geht ein farbenfroher Augenschmaus voran.

Kürbisse in Europa

DIE DREI SCHWESTERN ❧ Auf heimischen Tischen ist der heutige Gemüsekürbis ein vergleichsweise junges Gemüse. Wie viele unserer Kulturpflanzen stammt auch der Kürbis aus Südamerika. Es verging aber geraume Zeit, bis die Europäer mit seiner ganzen Nutzungsbreite vertraut wurden. Für die Ureinwohner Amerikas waren die drei Schwestern Kürbis, Mais und Bohne seit jeher unverzichtbare Überlebensmittel. Sie nutzen alles, was die Riesenbeere bietet: Blätter, Blüten, Samen, Schale und – erst etwas später – das Fruchtfleisch. Anfangs enthielt es zu viele Bitterstoffe.

ERSTE BEGEGNUNGEN ❧ Die europäischen Botaniker berichten aber nicht erst seit der Rückkehr des Kolumbus aus Amerika über Kürbisse. Wenn etwa der römische Landwirtschaftsautor Columella oder Dioskurides und sein Dichterkollege Plinius in der römischen Literatur um Christi Geburt den Kürbis erwähnen, meinen sie keinesfalls Speisekürbisse (Gattung Cucurbita). Mitte des 1. Jahrhunderts gab es in Europa nur die aus der großen Kürbisfamilie stammende Gattung der Flaschenkürbisse (Lagenaria) und einige Vorformen der heutigen Gurken und Melonen (Cucumis).

NAMEN UND BEZEICHNUNGEN ❧ Der Sprachgebrauch macht es allerdings schwierig, die seit jeher heimischen Flaschenkürbisse, Gurken und Melonen, von dem Einwanderer aus Amerika zu unterscheiden. Er erhielt dieselbe Bezeichnung: das althochdeutsche Wort »churbiz«, abgeleitet vom lateinischen »cucurbita«. Der Begriff veränderte sich im Laufe der Zeit: »kurbs«, »korbs«, »kürbse«, »kabirz«, »Kirbes« und »kurwes«.

Von der unklaren sprachlichen Trennung der Arten ließ sich selbst der schwedische Botaniker Carl von Linné täuschen. Er warf den europäischen Flaschenkürbis *(Lagenaria)* mit den amerikanischen Gemüsekürbissen *(Cucurbita)* in einen Topf und nannte den Flaschenkürbis *Cucurbita lagenaria*, den Neuankömmling aus Amerika *Cucurbita pepo*. Erst der französische Botaniker Charles Naudin klärte den Irrtum 1859 in seinen Schriften über Gurken und Kürbisse auf.

Dass es so schwierig war, die neue Kulturpflanze richtig einzuordnen, liegt an der großen Ähnlichkeit mit den heimischen Verwandten. Leonhard Fuchs, süddeutscher Botaniker und Mediziner, beschrieb die europäischen Vertreter 1543 in seinem »New Kreuterbuch«: »Kürbis wird bey den Griechen Colocyntha, bei den Lateinischen aber Cucurbita geheysen. (...) Die Blüten seind weiß.« Dies trifft aber nur für Flaschenkürbisse zu. Demzufolge ordnete er die gelb blühenden amerikanischen Kürbisse den Gurken zu, die ebenfalls gelbe Blüten tragen. Erst 1586 unterschied Petri Andreae Matthiolus exakt heimische Kürbisse mit »weissen, grossen, gestirnten Blumen« und »frembde oder Indianische Kürbsen mit (...) gar grossen goldgelben Blumen«.

Geheimnisvolles Gemüse

Mystische Aura

Für Azteken und Mayas, die als erste den Kürbis nutzten, war er neben Bohne, Mais und Maniok geradezu ein Über-Lebensmittel. Entsprechend viele Mythen rankten sich um die lebenswichtige Pflanze. In ihren Götterlegenden waren Kürbisse die Regenmacher.

MAGISCHE KRÄFTE ... ❧ Die neumexikanischen Pueblo-Indiander glaubten an die magische Kraft der Kürbisse und vollzogen deshalb an Neugeborenen einen Kürbisritus. Der Mutter nahe stehende Frauen legten den Mädchen gleich nach der Geburt einen Kürbis auf den Unterleib, um so dessen Fruchtbarkeit auf das Kind zu übertragen. Diese Fruchtbarkeitssymbolik findet sich auch in anderen Kulturen. In China mussten verheiratete kinderlose Frauen an einem bestimmten Tag im Jahr reichlich Kürbis essen, um im kommenden Jahr einem Kind das Leben schenken zu können.

... UND ALTE BRÄUCHE ❧
Umgekehrt gibt es allerlei Riten, die gewährleisten sollen, dass Kürbispflanzen reichen Ertrag bringen. Verschiedenen alten Bräuchen zufolge sollen Frauen fähig sein, Kürbisse fruchtbar zu machen, indem sie ihre eigene Fruchtbarkeit auf die Pflanze übertragen. So glaubte man, dass besonders pralle Früchte entstehen, wenn die Bäuerin sich beim Aussäen der Kürbissamen immer wieder auf die Erde setzt. Ein anderer Brauch besagt, dass die Samen so schnell aufgehen, wie die Hexen auf den Blocksberg reiten, wenn junge Mädchen in der Walpurgisnacht ihr Unterhemd in der Erde des Kürbisfeldes vergraben.

Kürbisriesen ernten

Das Ziel, möglichst große Herbstriesen zu ernten, lässt sich dem Aberglauben zufolge noch mit anderen Methoden erreichen. Man muss beispielsweise die während der Kürbisaussaat am Acker vorbeigehenden Leute anlügen. Von Vorteil soll auch sein, wenn die oder der Aussäende einen großen Kopf hat. Mit täglichem Küssen der heranreifenden Frucht kann man ebenfalls enormes Wachstum bewirken. Ein weiterer Brauch rät, die Kürbissamen an Christi Himmelfahrt – während die Abendglocken läuten – in einem möglichst großen Eimer in den Garten zu stellen. Dann reifen an den daraus wachsenden Pflanzen Kürbisse so groß wie Eimer oder gar wie Kirchenglocken.

SYMBOL DER FRUCHTBARKEIT Dass das üppige Gewächs in verschiedenen Kulturen und Epochen Fruchtbarkeit und Sexualität symbolisiert, hängt neben der Opulenz der gesamten Pflanze mit ihrer prallrunden Form und dem Samenreichtum der Frucht zusammen.

Vielfältige Bedeutungen & metaphorische Vergleiche

Eine andere Deutung erfährt der Kürbis in der Spätgotik und im Barock. Die schnell wachsende Pflanze wurde zum Sinnbild des Vergänglichen: »Was schnell gewachsen ist, geht schnell zugrunde«, leitete der Arzt und Humanist Joachim Camerarius (1500 bis 1574) vom Kürbis ab. Auch sein Zeitgenosse Albrecht Dürer (1471 bis 1528) band den Kürbis in eine Allegorie auf die Vergänglichkeit ein. Im Kupferstich »Hieronymus im Gewächshaus« weist neben Totenschädel und Sanduhr auch der Flaschenkürbis auf das Ablaufen des Lebens hin.

»VERKÜRBISSUNG«? Nicht nur die negative Assoziation des Vergänglichen lastet auf dem knallbunten Gemüse. Die runde Frucht stand zu allen Zeiten für Dummheit. Die »Verkürbissung« als Metapher für Hohlköpfigkeit setzt Seneca der Jüngere (4 v.Chr. bis 65 n.Chr.) in seiner Satire auf den römischen Kaiser Claudius ein. Er verwandelt ihn nach dem Tod in die dem Kürbis verwandte Koloquinthe. Senecas eindeutige Botschaft: Ein Trottel bleibt auch nach dem Tod ein Trottel, selbst wenn er zu Lebzeiten ein Kaiser war.

GOETHE, SCHILLER & CO Ähnliche Parallelen finden sich in der klassischen Literatur; bei Johann Wolfgang von Goethe (1749 bis 1832) in vorsichtiger Andeutung, bei Friedrich von Schiller (1759 bis 1805) in eindeutiger Klarheit. In seiner »Bürgschaft« heißt es: »Und schleudern elend durch die Welt,/ wie Kürbisse von Buben / zu Menschenköpfen ausgehöhlt,/ der Schädel leere Stuben.«

Auch bei anderen Schriftstellern findet sich der allgemeine Sprachgebrauch des Wortes Kürbis, wenn der Kopf gemeint ist. Frank Wedekind (1846 bis 1918) droht in seiner »Büchse der Pandora«: »Wenn Sie mir (...) noch einmal unter die Augen kommen, schlage ich Ihnen den Kürbis zu Brei.« Ebenso formuliert Erich Kästner (1899 bis 1974) im Roman »Fabian«: »Sie stehen alle mit der Axt hinter der Tür, um mir eines über den Kürbis zu hauen.«

Kürbisse wurden seit jeher mit Köpfen assoziiert.

Kürbiskunst und Kürbisfeste

Vom Gebrauchsobjekt zum Kunstgegenstand

Kürbisse lieferten den Indianern außer Nahrung auch den Rohstoff für Löffel, Kellen und Vorratsgefäße, solange es keine Keramik gab. Der Kürbis behielt selbst dann noch seinen Stellenwert, als Tonbrennen gebräuchlich wurde. Bis die in der alten Welt zum Gefäße drehen nötigen Töpferscheiben auch in Amerika zum Einsatz kamen, formte man den Ton um formschöne Kürbisse. Sie zerfielen beim Brennen zu Asche, das Tongefäß war fertig.

Vom Gebrauchs- zum Kunstobjekt war der Weg nicht weit. Der Kürbis findet sich in berühmten Gemälden: in »Stillleben mit Kürbissen« des Niederländers Jan Anton van der Baren, in Guiseppe Archimboldos Herbstallegorie, in Albrecht Dürers Allegorie auf die Vergänglichkeit.

Kürbis in der Musik

Auch in der Musik hat der Kürbis seinen festen Platz. Flaschenkürbisse sind Bestandteile von Musikinstrumenten, beispielsweise bei der Marimba, eine Art Xylophon. Auch die orgelähnliche Ambira setzt sich aus Flaschenkürbissen zusammen. Für einige (z.B. indische und afrikanische) Saiteninstrumente dient der Kürbis als Klangkörper.

Fröhliche Feste feiern

Obst- und Gemüsearten, die aus unserem Leben nicht mehr wegzudenken sind, finden auch Eingang in das kulturelle Leben in Form von Festen und Feierlichkeiten. Je nachdem, welche Gartenfrucht eine Region prägt, feiern die Menschen Weinfeste, Erdbeerfestivals, Zwiebel- und Radieschenfeste, Paprika- bzw. Chilifeste oder Blütenfeste verschiedener Obstarten. Aber kein Fest, das mit einer Gartenfrucht zusammenhängt, ist so international und weithin bekannt wie das Kürbisfest Halloween.

Kürbispyramiden sind auf fast jedem Kürbisfest zu finden.

HALLOWEEN ❧ gilt als das älteste Kürbisfest. Es wird noch lange vor Thanksgiving, in der Nacht zum 1. November, gefeiert. Es geht auf das keltische Semainfest zurück. Die Kelten feierten in dieser Nacht Neujahr als den Übergang von der warmen zur kalten Jahreszeit. Aus dem keltischen Semain entwickelte sich nach der Christianisierung das Kirchenfest Allerheiligen. Vom englischen Begriff »all-Hallows« für Allerheiligen bzw. von der Nacht davor »all-hallows eve« leitet sich das heutige Wort Halloween ab.

ERNTEDANKFESTE ❧ Nicht als geistervertreibende Fratze, sondern als unabdingbares Festtagsgericht kommt der Kürbis beim amerikanischen Erntedankfest zu Ehren. Dieser Thanksgiving Day wird am vierten Oktoberdonnerstag gefeiert. Er geht auf den Ankunftstag der Siedler zurück, die im November 1620 mit der Mayflower in Neuengland ankamen. Die Ureinwohner zeigten ihnen, wie man mit den aus Kürbis und Mais zubereiteten, landesüblichen Speisen überleben kann. Seither gehören Kürbis- und Maisgerichte zum Erntedankfest.

Die weltgrößten Kürbisse wiegen mehr als eine halbe Tonne – dieser hier ist 576 kg schwer.

Kürbisfestivals & echte Schwergewichte

Außer Halloween und Thanksgiving Day veranstalten die Amerikaner in den Hauptanbauzonen Kürbisfestivals. Am bekanntesten ist der Wettbewerb um den weltgrößten Kürbis, das »World Pumpkin Confederation Weigh-Off«. Der aktuelle Weltrekord liegt bei über 600 kg. In Kanada richtet die Stadt Waterford/Ontario das größte Kürbisfest aus.

Südlich der Alpen pflegen vor allem italienische Kommunen die Tradition der Kürbisfeste. Eine besondere Augenweide bietet die Stadt Venzone im norditalienischen Friaul immer am letzten Sonntag im Oktober. Die Wahl des Kürbisbürgermeisters eröffnet den Reigen historischer Festakte in entsprechenden Kostümen in der malerischen Altstadt. Es gibt Speisen nach mittelalterlichen Rezepten und außergewöhnliche Kürbisdekorationen. In Mantua wird das Kürbisfest bereits im September veranstaltet. Es hat eher Messecharakter. Neben umfangreichen Sortenausstellungen gibt es weitere Fachinformationen und allerlei Kürbisgerichte.

KÜRBISMARKT UND KÜRBISFIGUREN Auch die alte Welt feiert den Kürbis. Nördlich der Alpen hält die belgische Stadt Tourinnes St. Lambert jährlich am zweiten Sonntag im September den 1980 erstmals eingeführten Kürbismarkt »Foire aux potirons« ab. Nicht viel jünger ist das deutsche Kürbisfest der badischen Gemeinde Offenburg-Windschläg. Das »Dorf der 1000 Kürbisse« schmückt sich mit auffallenden Kürbisfiguren; Abschluss bildet die Prämierung der ideenreichsten Schöpfungen.

»Hallo Wien«...

Vor fast 30 Jahren initiierte Preding, Zentrum des Steirischen Ölkürbis-Anbaus, ein Kürbisfest. Es findet alle drei Jahre am ersten Sonntag im September statt. Unter dem Motto »Hallo Wien« feiert die österreichische Hauptstadt in Döbling jährlich ein ausgelassenes Halloween-Fest. Im Mittelpunkt stehen Kürbisgeister und Kürbisdekorationen.

Aus dem Vollen schöpfen – Arten und Sorten

Wer für seinen Geschmack aus den über 4000 Kürbissorten die richtige gefunden hat, will den traditionellen Alleskönner in Garten und Küche nicht mehr missen. Bei dem ungemein vielgestaltigen Kürbis ist es hilfreich, den botanischen Hintergrund zu kennen. Bei der immensen Sortenvielfalt ist das Zuordnen schwierig. Im Burgenland wurde das Problem um 1730 ganz simpel gelöst: hier Herren-, dort Saukürbis.

Arten und Sorten

Das Pauschalurteil »Kürbisse schmecken nicht« ist kaum aussagekräftiger als die Aussage »Äpfel schmecken nicht«. Genauso wenig wie es *den* Apfel gibt, gibt es *den* Kürbis. Die über 300 im deutschsprachigen Raum erhältlichen Kürbissorten variieren nicht nur in Form, Farbe, Größe und Wuchseigenschaften, ihre Geschmacksrichtungen präsentieren sich ähnlich vielfältig.

Botanik

Die Familie der Kürbisgewächse (Cucurbitaceae) umfasst 90 Gattungen – nur zwei davon stammen ursprünglich aus Europa. Diese 90 Gattungen unterteilen sich in über 800 Arten, die sehr unterschiedliche Lebensräume besiedeln. Fast noch vielseitiger als die Lebensbedingungen zeigen sich die Wuchstypen und Fruchtformen. Die bekanntesten der 90 Gattungen der Kürbisfamilie sind neben den Speisekürbissen Gurke, Melone, Kiwano, Schwammgurke, Flaschenkürbis und Wachsgurke.

HAUPTKÜRBISARTEN Die Gattung der Kürbisse untergliedert sich in 20 Arten. Nur drei davon spielen für den Kürbisanbau eine Rolle. **Gewöhnlicher Kürbis** *(Cucurbita pepo)*, **Moschuskürbis** *(Cucurbita moschata)*, **Riesenkürbis** *(Cucurbita maxima)*. Die Sorten innerhalb der drei Arten sehen so verschiedenartig aus, dass die systematische Zuordnung nur anhand des Stielansatzes möglich ist. Pepo-Kürbisse haben einen harten, krautigen, deutlich von der Frucht abgegrenzten Stiel. Der Stiel der Muskatkürbisse ist ebenfalls hart, zeigt

Stielansatz von *Cucurbita maxima*, Sorte 'Roter Hokkaido'

aber nur wenig Furchen und hat eine verbreiterte Stielbasis. Der runde Stiel der Maxima-Kürbisse fühlt sich weich an und geht in Form von feinen Korkzellen in die Frucht über.

Jede dieser drei Hauptkürbisarten vereint so viele unterschiedliche Sorten, dass es neben der botanischen Systematik noch eine Unterscheidung nach Erntereife und Lagerfähigkeit gibt.

SOMMERKÜRBISSE Die Gruppe der Sommerkürbisse umfasst – unabhängig von der Art – Früchte aller Sorten, die bereits im Jugendstadium kurz nach der Blüte geerntet werden und sich nur eine Woche lang aufbewahren lassen. Prominenteste Vertreter der Sommerkürbisse sind Zucchini, Rondini und Squash (Patisson).

WINTERKÜRBISSE Zur Gruppe der Winterkürbisse zählen alle Sorten, die erst bei Vollreife gepflückt werden. Von der Blüte bis zur Ernte vergehen fast 4 Monate. Gut ausgereifte, unverletzte Exemplare halten sich, je nach Sorte, 6 bis 24 Monate.

Gewöhlicher Kürbis

Die umfangreichste der drei Arten umfasst über 400 Sorten, darunter den Ölkürbis *Cucurbita pepo* var. *stryriaca* mit verschiedenen Zuchtformen. Sein Fruchtfleisch dient allenfalls als Viehfutter. Die sortenbedingt schalenlosen Samen werden direkt als Kürbiskerne genutzt, bzw. wird aus ihnen das köstliche Kürbiskernöl gepresst. Allein in Österreich wachsen Ölkürbisse auf 13.000 ha Fläche, 80 % davon in der Steiermark.

Zur Art der *Gewöhnlichen Kürbisse* zählen auch der klassische Halloween-Kürbis 'Jack o' Lantern', die Besonderheit 'Spaghetti-Kürbis' und die kleinfrüchtigen, schmucken Sorten 'Jack be Little', 'Goldapfel', 'Sweet Dumpling' und 'Winterhorn'. Hier finden sich aber auch buschig wachsende Vertreter: Zucchini, Rondini und Squash.

Jack o' Lantern

Jack be Little

Winterhorn

Auch unter den Riesenkürbissen finden sich aromatische Sorten.

Riesenkürbis

Ähnlich weit verbreitete Sorten gibt es bei der Art der Riesenkürbisse, allen voran der »Kinderschreck« 'Gelber Zentner'. Das eher fade Fruchtfleisch dieser früher in vielen Gärten vorherrschenden Sorte hat manchem die Lust auf Kürbisse so gründlich verdorben, dass es reichlicher Überredungskunst bedarf, um solcherart »gebrannte Kinder« zu bewegen, ein Gericht zu probieren, das mit einer wohlschmeckenden Sorte zubereitet wurde.

Triamble

Blauer Ungarischer

Buttercup

Rosa Riesenbanane

Warzenkürbis

Moschuskürbis

Hervorragende Geschmackswerte bieten fast alle Vertreter aus der Art der Moschuskürbisse *(Cucurbita moschata)*, etwa der handliche, nur 1 bis 3 kg schwere 'Buttercup'. Der ähnlich aromatische 'Hokkaido' ('Potimarron') bringt auch nicht mehr Gewicht auf die Waage. Etwas größer fallen die Sorten 'Chioggia', 'Blauer Ungarischer', 'Rouge Vif d'Etampes' ('Roter Zentner'), 'Triamble' und 'Weißer Gartenkürbis' aus. Deutlich stattlicher präsentieren sich 'Big Max', 'Prizewinner', 'Peruaner', 'Rosa Riesenbanane' und 'Warzenkürbis'. Der Artbezeichnung Riesenkürbis werden aber erst die Sorten gerecht, die sich für Wettbewerbe um den weltgrößten Kürbis eignen. 'Atlantic Giant', der gewichtigste Riesenkürbis, hält den Weltrekord mit über 600 kg, aber auch 'Charlie Brown' erreicht über 450 kg.

Die bekanntesten Sorten aus allen drei Arten sind im Folgenden tabellarisch beschrieben, ergänzt durch ein Kurzporträt der interessantesten Sortengruppen für den Garten.

Die bekanntesten Sorten

Art	Sorte	Gewicht in g	Form	Schalenfarbe
Gewöhnlicher Kürbis *(C. pepo)*	Autumn Queen	400–1500	eichelförmig	dunkelgrün
	Baby Bear	500–1500	rund	orange
	Goldapfel	200–800	rund	goldgelb
	Jack o' Lantern	3000–7000	ovalrund	orange
	Ölkürbis	800–5000	ovalrund	gelb-grün, gestreift
	Rolet	200–500	rund	dunkelgrün
	Spaghettikürbis	500–2000	walzenförmig	hellgelb
	Sweet Dumpling	300–700	rund, gerippt	creme-grün, gestreift
Moschuskürbis *(C. moschata)*	Butternut	500–4000	birnenförmig	ockergelb
	Muskatkürbis	3000–15000	rund, stark gerippt	grünbraun
	Trombolino	2000–8000	lang gekrümmt	sandfarben
Riesenkürbis *(C. maxima)*	Blauer Ungarischer	2000–6000	flachrund	blaugrau
	Buttercup	500–2000	flachrund, Wülste	dunkelgrün
	Chioggia	2000–5000	flachrund, genoppt	dunkelgrün
	Gelber Zentner	2000–40000	rundlich	hellgelb-rosé
	Golden Hubbard	3000–8000	olivenförmig, genoppt	orangerot
	Roter Hokkaido	500–2000	zwiebelförmig	orangerot
	Weißer Gartenkürbis	2000–6000	flachrund	weiß

Fruchtfleisch	Geschmack	Reifezeit *)	Rankenlänge in m	Haltbarkeit Monate	Bewertung
hellgelb, mittelfest	mild	M–E9	buschig – 2	3–9	mittlere Speisequalität, hoher Dekowert
gelb, weich	mäßig/neutral	A–E9	2–4	3–4	geringer Speisewert, ideal zum Basteln
hellgelb, mittelfest	aromatisch	A–E9	2–4	3–7	guter Speisekürbis, hoher Dekowert
gelb, mittelfest	neutral/flach	M9–A10	5–9	2–3	geringer Speisewert, zum Schnitzen und Bemalen
hellgelb, mittelfest	neutral	A–M10	6–10	3–5	dekorativ, gut zum Aushöhlen
hellgelb, mittelfest	aromatisch	A9–A10	2–4	3–7	guter Speisekürbis mit hohem Dekowert
creme, faserig	neutral	A9–A10	4–6	3–6	interessant nur durch fadenförmiges Fleisch
creme, mittelfest	Maronenaroma	M9–A10	4–6	2–4	sehr hoher Zierwert bei gutem Geschmack
hellorange, fest	nussiges Aroma	M9–A10	5–7	3–12	ideale Speisesorte, aromatisch, leicht zu verarbeiten
orangerot, weich	hocharomatisch, Muskatton	M9–M10	5–10	4–8	attraktiver Feinschmeckerkürbis
dunkelgelb, mittelfest	nussiges Aroma	A9–A10	5–7	3–10	leicht verarbeitbar, hoher Fleischanteil, aparte Form
orangerot, mittelfest	hocharomatisch	M9–M10	5–7	4–8	robust, haltbar und aromatisch
orange, mittelfest	Muskataroma	M9–A10	4–6	3–6	hocharomatisch, zugleich dekorativ
dunkel, fest	aromatisch	E9–M10	7–10	4–12	aparter, ausgezeichneter Speise- und Dekokürbis
gelb, mittelfest	neutral	A9–A10	5–10	2–3	weit verbreitet, unhandlich, geschmacksarm
orange, fest	aromatisch	A9–M10	4–8	4–8	vielseitig verwertbar, dekorativ
orangerot, mittelfest	leichter Muskatton	M8–E9	3–5	2–5	hocharomatisch, mit Schale essbar
orangerot, mittelfest	hocharomatisch	M9–M10	5–7	4–8	robuste, gutschmeckende Gartensorte

*) A, M, E = Anfang, Mitte, Ende; Zahl = Monat

Kürbissorten im Porträt

Im Grunde genommen ist jede Auswahl aus den über 300 verfügbaren Sorten subjektiv. Eine bewertende Kurzbeschreibung hilft jedoch, sich im Sorten-Dschungel zurecht zu finden. Solche Kurzporträts dienen als Anhaltspunkte und erleichtern Kürbisneulingen den Einstieg. Da es sich um einjährige Pflanzen handelt, sind Enttäuschungen rascher zu verschmerzen als bei langlebigen Obstgehölzen. Allerdings setzt die Üppigkeit bzw. der große Platzbedarf von Kürbissen der Experimentierfreude Grenzen. Durchschnittlich große Gärten bieten normalerweise für bestenfalls 10 Pflanzen Standraum.

AUSPROBIEREN UND GENIESSEN
Hat man einige Jahre Neues ausprobiert und Bewährtes wiederholt, kristallisieren sich rasch persönliche Favoriten heraus, die dann jedes Jahr wieder vertreten sind. In diesen Kreis der »Stammsorten« gelangen meist 'Hokkaido', 'Butternut', 'Muskatkürbis' und natürlich eine oder mehrere Zucchini-Sorten. Inzwischen führen viele Gartencenter die interessantesten Kürbissorten, Bezugsquellen für Spezialitäten finden sich im Anhang.

Winterkürbisse

Während die nur kurze Zeit haltbaren Sommerkürbis-Sorten fast alle ähnlich mild-neutral schmecken, zeichnen sich die monatelang lagerfähigen Winterkürbisse durch ein breites Aromaspektrum aus. Die Geschmackspalette reicht von neutral, mild, süß, feinwürzig, maronenartig, nussig bis zur Muskatnote. Neben den Fruchtfleischeigenschaften beeinflussen aber auch Aussehen, Größe und Verwertungseignung die Wahl beim Kauf von Samen oder Früchten.

ACORN-KÜRBISSE

Die Gruppe der eichelförmigen Kürbisse umfasst eher kleinfrüchtige Sorten von 500 bis 2000 g Fruchtgewicht. Die Farben variieren von weiß bis schwarzgrün. Die meisten Sorten halten sich gut ein halbes Jahr. Das Aroma ist mittel ausgeprägt. Eichelkürbisse bestechen eher durch ihr attraktives Aussehen.

DIE WICHTIGSTEN ACORN-SORTEN:

- DUNKELGRÜN **Tuffly, Tay Belle, Mesa Queen, Eat-all**
- GRÜN **Table Queen, Table Gem, Bush Table Queen**
- GRÜN-WEISS **Heart of Gold**
- GELB **Table Gold**
- WEISS **Cream of the Crop**

Heart of Gold

Table Queen

BUTTERCUP-KÜRBISSE

Zur Gruppe der »Butterbecher« zählen durchwegs hocharomatische, viele Monate lang lagerfähige Sorten, etliche haben essbare Schalen. Die meist flachrunden Früchte wiegen zwischen 1 und 5 kg. Das intensiv orangefarbene Fruchtfleisch strotzt vor Karotenen, es schmeckt nussig-aromatisch und eignet sich für die meisten Verwertungsarten. Die aparte Form verleiht den Sorten dieser Kürbisgruppe zudem einen hohen Dekorationswert. Einige Sorten bilden dem Stiel gegenüber eine wunderschöne Rosette aus. Wie ein persönlicher Fingerabdruck prägt sie sich bei jeder Frucht etwas anders aus und überrascht den aufmerksamen Betrachter in ihrem Form- und Farbnuancen immer wieder.

BUTTERCUP-SORTEN:

- DUNKELGRÜN **Autumn Cup, Black Forest, Buttercup, Delica, Hokkori, Pacifica, Potkin**
- BLAUGRÜN **Blue Kuri, Chestnut, Permanent, Snow Delight**
- ORANGE **Ambercup, Golden Debut**

Ambercup

BUTTERNUT-KÜRBISSE

»Butternuss«-Sorten bestechen neben ihrem aromatischen, orangefarbenen Fruchtfleisch durch ihre leichte Handhabbarkeit. Die glatte Haut lässt sich leicht schälen und das kleine Kerngehäuse liegt am unteren Ende der Frucht, so dass beim Aufschneiden gleichmäßige Scheiben entstehen. Je nach Sorte und Ausprägung sind Butternut-Kürbisse walzen- bis birnenförmig. Die Farben reichen von creme-weiß über ockergelb bis braun; vielfach verändern sie sich mit zunehmender Lagerdauer. Das Gewicht variiert stark.

- BIS 3 KG — **Argese, Butternut, Butterboy, Early Butternut, Pawpaw, Zahra**
- ÜBER 3 KG — **Cushaw, Langer aus Nizza, Longreach, Napolitanerkürbis (Piena di Napoli, Mantelsack), Sucrine du Berry (Zuckerkürbis), Tromba d'Albenge (Trombolino), Ultra Butternut, Waltham Butternut, Zenith**

Trombolino

Sucrine du Berry

Langer aus Nizza

Cushaw

Napolitaner

Butternut

HUBBARD-KÜRBISSE

Die ebenfalls aromatischen, festfleischigen, gut lagerfähigen Sorten (gut 10 Monate), ähneln in ihrer Form vielfach einem Rugbyball. Die Schale zeigt unterschiedlich stark ausgeprägte Noppen, die Farben reichen von Orange und Grün bis Blau, das Gewicht liegt meist bei über 3 kg. Nach längerer Lagerung lässt sich die Frucht sehr schwer zerteilen. Bei etlichen Sorten entfällt das Schälen, da die Schale verkocht. Der bekannteste Vertreter dieser Gruppe ist der auch im Handel verbreitete 'Rote Hokkaido' ('Potimarron').

- ORANGE — **Anna Schwarz, Golden Delicious, Golden Hubbard, Lakota, Roter Hokkaido**
- GRÜN — **Green Delicious, Grüner Hokkaido, Green Hubbard**
- BLAU — **Blue Ballet, Blue Hubbard**

Blue Hubbard

Golden Hubbard

Roter und Grüner Hokkaido

Green Delicious Golden Delicious

SPAGHETTI-KÜRBISSE

Der Name dieser Gruppe deutet bereits auf ihre Besonderheit hin: das faserige Fruchtfleisch zerfällt in spaghettiförmige, lange Fäden. Das Aroma ist aber nicht besonders ausgeprägt, als Beilage empfehlen sich würzige Hackfleischsoßen oder Pesto. Das Gewicht der gelben, walzen- bis olivenförmigen Früchte schwankt zwischen 500 und 2000 g. Im Handel dominiert die eher hellgelbe Sorte 'Tivoli', seltener findet man den orangefarbenen 'Hasta La Pasta'.

Spaghetti-Kürbis

Fruchtfleischfarbe von Speisekürbis-Sorten

Autumn Queen

Evergreen

Rondini

Sweet Dumpling

Zucchini

Hellgelb

Atlantic Giant
Autumn Queen
Cushaw
Delicata
Evergreen
Frosty
Goldapfel
Heart of Gold
Jack be Little
Ölkürbis
Rondini
Spaghettikürbis
Squash
Sweet Dumpling
Table Gold
Winterhorn
Zucchini

Baby Bear

Baby Boo

North Georgia

Rosa Riesenbanane

Rolet

Gelb

Aspen
Baby Bear
Baby Boo
Big Max
Gelber Zentner
Howden
Jaspee
Jack o' Lantern
Lumina
North Georgia
Peruaner
Prizewinner
Rolet
Rosa Riesenbanane
Rouge Vif d'Etampes
Sweet Meat
Table Gold
Zenith

Orange

Blue Hubbard

Chioggia

Olive

Türkenturban

Warzenkürbis

Blue Ballet

Blue Hubbard

Blue Kuri

Buttercup

Chioggia

Crown Prince

Delica

Early Butternut

Golden Delicious

Green Chestnut

Green Hubbard

Green Delicious

Langer aus Nizza

Lumina

Mammoth Gold

Olive

Triamble

Trombolino

Türkenturban

Warzenkürbis

Orangerot

Buckskin

Futsu Black Rinded

Muskatkürbis

Roter Hokkaido

Weißer Gartenkürbis

Blaue Banane

Blauer Ungarischer

Buckskin

Futsu Black Rinded

Grüner Hokkaido

Hokkori

Muskatkürbis

Roter Hokkaido

Seminole

Snow Delight

Small Sugar

Tancheese

Weißer Gartenkürbis

Sommerkürbisse

Zur Art *Cucurbita pepo* zählen viele buschig wachsende Kürbisse, deren Früchte nur im unreifen Zustand gut schmecken und sich kaum länger als eine Woche im Kühlschrank halten. Die größte wirtschaftliche Bedeutung unter diesen nicht lagerfähigen Sommerkürbissen haben Zucchini.

Erntegrößen der Zucchini

ZUCCHINI

Obwohl Zucchini bis vor 30 Jahren in der deutschsprachigen Küche nahezu unbekannt waren, haben sie heute einen höheren Stellenwert als der früher weit verbreitete, vielseitiger verwendbare Speisekürbis. Der Name für dieses nicht lagerfähige Kürbisgewächs stammt aus Italien.

»KLEINER KÜRBIS« Zucchini ist die Verkleinerungsform von Zucca = Kürbis und bedeutet – botanisch korrekt – kleiner Kürbis. Dabei ist Zucchini der Begriff für die Mehrzahl; ist nur eine Frucht bzw. die Gemüseart gemeint, müsste es eigentlich Zucchino heißen. Der Begriff »zouquette« oder »zouquetti« für die Pepo-Unterart *giromontiina*, die heutigen Zucchini, taucht erstmals 1856 auf. In der Schweiz heißen Zucchini noch immer Zucchetti.

WACHSTUM UND ERNTE Die buschige Pflanze füllt 1 m^2 Pflanzraum aus. Die Früchte setzen direkt an der Mittelachse an, es entstehen keine Ranken. Die Beerenfrucht entwickelt sich zu einer bis zu 10 kg schweren Keule, wenn man sie nicht rechtzeitig erntet. Die richtige Erntegröße liegt zwischen 10 und 15, maximal 20 cm Länge. Dann haben sich die Samen noch nicht entwickelt und die Schale ist so zart, dass man sie mitessen kann. Bei vorsichtiger Ernte bleibt die Blüte am oberen Ende sitzen. Sie schmeckt fein geschnitten und roh, wie Kräuter verwendet oder gekocht, ebenso gut.

TIPP **Je zeitiger man Zucchini erntet, desto mehr neue Früchte entwickeln sich. Größere Exemplare hemmen den weiteren Fruchtansatz.**

ZUCCHINI IN DER KÜCHE In diesem frühreifen Stadium halten sich Zucchini nur eine Woche im Kühlschrank. Fein geschnitten und lose eingefroren eignen sie sich als ideale Zugabe für Gemüsesuppen, Fleisch- und Tomatensoßen. Es empfiehlt sich aber, Zucchini zum Tiefgefrieren in sehr kleine Stücke zu schneiden, da sie nach dem Auftauen weich werden. Natürlich kann man dieses Gemüse auch als Püree einfrieren.

ZAHLREICHE SORTEN Es gibt – entsprechend ihrer wirtschaftlichen Bedeutung – verschiedene Zuchtprogramme, so dass man zwischen zahlreichen Sorten wählen kann. Ihre Früchte unterscheiden sich bezüglich der Form von keulenförmig bis rund, und in der Farbe von creme bis schwarzgrün. Bis auf die Neuzüchtung 'Black Forest' wachsen alle Sorten buschig.

DIE WICHTIGSTEN ZUCCHINI IM KURZPORTRÄT:

- **AFRODITE** ✿ Glänzend dunkelgrüne, walzenförmige Neuzüchtung, gegen 3 Viren tolerant, 1 Woche länger haltbar als andere Sorten, die Blüte fällt früh ab.
- **AMBASSADOR** ✿ Hybridsorte mit dunkelgrünen, gleichmäßig walzenförmigen Früchten. Die Pflanze wächst relativ stark und bringt gute Erträge.
- **BLACK FOREST** ✿ Mehltaufeste Hybridzüchtung mit glänzend dunkelgrünen, walzenförmigen Früchten. Bis Frosteintritt liefert diese wie eine Kletterpflanze wachsende Sorte 20 bis 30 Zucchini, die sich nicht größer als 25 cm entwickeln.
- **DIAMANT** ✿ (Synonym Diamond), hell- bis mittelgrüne, walzenförmige Früchte mit auffallend schönem Glanz. Der Ertrag setzt früh ein.
- **DI FAENZA** ✿ (Synonym Di Bologna), die hell- bis mittelgrünen, birnenförmigen Früchte dieser ausgezeichnet schmeckenden Sorte reifen früh; keine Hybridzüchtung.
- **GOLD RUSH** ✿ Hybridsorte mit gleichmäßig walzenförmigen, leuchtend gelben Früchten. Extrem stark anfällig für Echten Mehltau.
- **GREYZINI** ✿ Hybridzüchtung mit keulenförmigen, graugrün gefleckten Früchten, mit zunehmender Reife streifig.
- **ROMANESCO** ✿ (Synonym Costata Romanesco), Sorte mit leicht vorstehenden hellgrünen Längsrillen auf den dunkelgrünen, walzenförmigen Früchten; mittelfrüher Reifebeginn, keine Hybridzüchtung.
- **STRIATO D'ITALIA** ✿ (Synonym Striato di Napoli), Züchtung mit hellen, leicht aufgewölbten, hellgrünen Längsstreifen auf der kräftig grünen Schale. Keine Hybridsorte.
- **TONDO CHIARO DI NIZZA** ✿ Nicht hybridisierte Züchtung mit früh erscheinenden, kugeligen Früchten. Lässt man sie gut ausreifen, eignet sich die Kugel-Zucchini zum Basteln, schmeckt aber nicht mehr.

Black Forest

Diamant

Gold Rush

ZUCCHINI-FARBENVIELFALT:

WEISS	Bianco di Triest, Blanche d'Egypte, Bianco Goriziana, Long White Bush, Lungo Bianco
GELB	Aztec, Goldbar, Golden Dawn, Gold Finger, Gold Rush, Rocky Gold
GESTREIFT	Cocozelle, Green Bush, Long Green Striped, Lungo Fiorentino, Romanesco, Striato D'Italia, Tusco, Tigerkreuz
HELLGRÜN	Albarello di Sarzana, Caserta, Elite, Jestil, Lebanese, Mastil, Senator
MITTELGRÜN	Acceste, Ambassador, Arlesa, Clarita, Consul, Cora, Diamant, Fordhook, Greyzini, Sofia, Spineless Beauty, Supremo, Tarmino, Venus, Xsara, Zuboda
DUNKELGRÜN	Afrodite, Black Beauty, Black Forest, Black Jack, Condor, Datcha, Defender, Diplomat, Dundoo, Eight Ball, Kojac, Maya, Monitor, Radiant

Cocozelle di Tripolis und Long White Bush

RONDINI

In Deutschland zählen Rondini zu den jüngsten Vertretern der Kürbisfamilie. Das in Afrika und Amerika verbreitete Gemüse haben in Europa zunächst die Franzosen entdeckt und handeln es unter dem Namen »Rondini de Nice«. Die Schweiz propagiert seit den 80er Jahren den Anbau, allmählich fasst die wärmehungrige Pflanze auch in Deutschland Fuß. Die Früchte sehen denen der runden Zucchini-Sorten sehr ähnlich, die Pflanze wächst jedoch nicht buschig. An langen Ranken öffnen sich die Blüten für wenige Stunden und verwelken dann.

TIPP **Rondini schmecken am besten, wenn sie die Größe eines Tennisballes erreicht haben. In diesem Stadium glänzt die zarte Schale hellgrün mit cremefarbenen Sprenkeln. Lässt man sie ausreifen, färbt sie sich orangerot. Sorten sind bislang keine bekannt.**

Rondini – Blüten und erntereife Frucht

SQUASH

FORMEN UND FARBEN ✿ Der auffallenden Form hat dieser buschig wachsende Sommerkürbis die vielen Namen zu verdanken: Ufo, Fliegende Untertasse, Patisson, Sputnik, Melonenkürbis, Zapallo. Auch Bischofsmütze und Kaisermütze wird er genannt, was zu Verwechslungen mit dem Winterkürbis 'Türkenturban' führt, den manche ebenfalls als Bischofs- und Kaisermütze bezeichnen. Die Form ähnelt einer flachen Qualle oder Kamm-Muschel, einem Diskus mit gewelltem Rand, einer Kopfbedeckung. Die Farben variieren je nach Sorte von Weiß, Creme, Gelb, Orange, Hellgrün bis Dunkelgrün.

AROMA UND VERWENDUNG ✿ Die Früchte schmecken wie Zucchini und Rondini, wenn sie unreif geerntet, bzw. die Größe einer Handfläche erreicht haben. Im Jugendstadium kann man die Schale mitessen. Mit zunehmender Reife verflacht das Aroma. Vollreif lassen sie sich einige Monate lagern, eignen sich dann aber nur noch zur Dekoration. In der Küche werden Squashfrüchte genau wie die anderen Sommerkürbisse verwendet. Squash-Pflanzen bilden wie Zucchini keine Ranken aus. Sie entwickeln mehr Blätter, aber ohne die auffallende silbrige Marmorierung der Zucchini.

SQUASH-SORTEN:

WEISS	**Custard White, Patina, Summer Satellite**
BLASSGRÜN	**Bennings Green Tint, Zahra**
HELLGRÜN	**Green Button, Peter Pan**
DUNKELGRÜN	**Starship**
GELB	**Crookneck, Golden Button, Seneca, Sunburst**
ORANGE	**Patisson Orange**
GRÜN/WEISS	**Panachee**

Weißer Patisson

Panaschierter Patisson

Gelber Patisson

Kürbisse im Garten

Kaum eine Gemüseart stellt so geringe Ansprüche an die pflegende Hand des Gärtners wie der Kürbis. Wenn die Jungpflanzen der Bedrohung durch Schnecken entwachsen sind, können sie bis zur Ernte weitgehend sich selbst überlassen bleiben. Wer wenig Zeit im Gemüsegarten aufwenden will, findet im Kürbis die ideale Kultur für den »faulen« Gärtner. Er ist zugleich eine faszinierende Einstiegspflanze, um Kinder für den Garten zu begeistern.

Der richtige Standort

Für den wärmehungrigen »Sonnenanbeter« gilt von der Aussaat bis zur Lagerung: Es kann nie warm genug sein. Die lichthungrigen Pflanzen erhalten den sonnigsten Standort im Garten. Schon die Samen brauchen reichlich Wärme um auskeimen zu können, und die jungen Pflänzchen überstehen Minustemperaturen nicht.

BODENVERHÄLTNISSE An den Boden stellen Kürbisgewächse geringere Ansprüche. Sie lieben aber eher leichte Böden. Hier werden die Wurzeln besser mit Luft versorgt und solche Böden erwärmen sich auch schneller als dichte, schwere. Eine für die Kürbiswurzeln optimal luftige, gut wasserhaltende Bodenstruktur erreicht man am besten mit reichlichen Kompostgaben. Da fast alle Sorten kalkhaltige Böden mit pH-Werten um 6 bis 7 bevorzugen, empfiehlt es sich, saure Böden mit mehreren Gaben alkalischer Dünger aufzukalken.

TIPP **Wichtig ist, dass an dem Standort, an dem man Kürbisse ziehen möchte, mindestens zwei, besser drei Jahre zuvor keine Kürbisse wuchsen.**

Kürbisse im Garten sind mächtig anzusehen und stellen dabei nur geringe Ansprüche an den Boden.

Erfolgreich aussäen

Der Gartenfachhandel bietet außer ein bis zwei Zucchini-Sorten und dem Standard-Gemüsekürbis 'Gelber Zentner' – allenfalls noch 'Hokkaido', kaum Kürbispflanzgut an. Bei Spezialbetrieben finden sich aber durchaus bis zu zehn Sorten zur Auswahl. Dagegen enthalten die Samenregale ein größeres Sortiment, auf mehr als ein Dutzend Sorten kommen aber meist nur Versand-Spezialisten. Mit 250 Sorten lässt etwa Samen Jansen kaum Wünsche offen (Bezugsquellen im Anhang).

AUSKEIMEN Kürbissamen benötigen zum Auskeimen mindestens 10, besser 15 °C warme Erde, für die Voranzucht in Töpfen sind 20 °C ideal. Dann laufen die Samen innerhalb weniger Tage auf, die Erde vernässt und verpilzt nicht, der Keimling wächst kompakt und stabil. Wichtig ist auch, dass die Spitze der Samen beim Stecken nach unten zeigt. Die je nach Sorte zwischen 3 und über 20 mm langen Samen werden zwischen 1 und 3 cm tief gesteckt.

Gesunde Keimlinge entwickeln sich nur in warmem, humosem Boden.

Je nach Sorte vergehen von der Saat bis zur Ernte 60 bis 120 Tage.

Aussaat im Freiland

Je nach Klimaregion kann man ab Anfang bis Mitte Mai direkt im Freiland aussäen, sofern keine Frostnächte mehr zu erwarten sind. Erfahrungsgemäß ist es aber besser, den Aussaattermin noch etwas hinauszuschieben, bis der Boden anhaltend warm bleibt. Es kommt dann nicht zu Wachstumsstockungen und die sich zügig entwickelnden Jungpflanzen holen die zu zeitig gesteckten rasch ein. In Klimaten mit milden, sonnigen Herbstwochen kann man Lagerkürbisse bis spätestens Mitte Juni stecken. Kürbisse, die vor der eigentlichen Vollreife geerntet werden und eine entsprechend kurze Fruchtentwicklungszeit haben – beispielsweise Zucchini, Squash und Rondini – liefern selbst bei Aussaaten bis Mitte Juli noch gute Erträge.

Pflanzabstände in cm

Wuchsform	Reihenabstand	in der Reihe
lange Triebe	150	200–250
mittellange Triebe	100–150	150–200
kurze Triebe	80–100	100–150
Buschtyp	60–80	80–100

Anzucht im Topf

Bei Sorten mit langer Vegetationszeit empfiehlt es sich, die Pflanzen grundsätzlich im Topf heranzuziehen und im Freien anfangs mit Folie oder Vlies zu bedecken, um das Anfangswachstum zu beschleunigen. Sobald die ersten Blüten erscheinen, darf der Bestand tagsüber nicht mehr zugedeckt sein, da sonst Bienen und Hummeln die notwendige Befruchtung nicht übernehmen können.

Da die einzelnen Sorten ganz unterschiedliche Wuchsstärken haben, gibt es keine allgemeingültige Faustzahl für den Platzbedarf. Prinzipiell gilt jedoch: je großfrüchtiger die Sorte, desto üppiger die Blattmasse und Trieblänge. Stören überlange Triebe, oder entwickeln sich sehr zahlreiche Seitentriebe, kann man sie problemlos abschneiden – allerdings erst, nachdem die Pflanze ausreichend Früchte angesetzt hat. Sehr großfrüchtige Sorten sind mit 2 Früchten gut ausgelastet, mittelgroße Sorten 3 bis 5, ganz kleinfrüchtige Sorten sollten mindestens 10 Fruchtansätze aufweisen.

Die ersten beiden Blätter (Keimblätter) sind oval.

SCHNECKENPLAGEN VORBEUGEN Die Voranzucht in Töpfen ist aber nicht nur in kühleren Regionen bei Lagersorten mit langer Entwicklungsdauer sinnvoll. Gibt es viele Schnecken, sollten die Jungpflanzen mindestens 6, besser 8 Blätter entwickelt haben, ehe sie ins Freie kommen. In diesem Stadium vergrößert sich die Blattmasse bereits rasant, den Schnecken wächst ihre Lieblingsspeise buchstäblich davon. Zu kleine Zöglinge fressen die Plagegeister über Nacht kahl.

GEEIGNETE TÖPFE Allerdings sollte der Anzuchttopf recht groß gewählt werden, damit beim Auspflanzen keine Wurzeln verletzt werden. Dies hätte einen Wachstumsschock zur Folge und die Entwicklung würde um gut 10 Tage verzögert werden.

Keimtest

Kürbissamen bleiben gut 5 Jahre keimfähig. Frische Samen bilden schon nach 2 Tagen erste Wurzeln, ältere erst nach 4 bis 7 Tagen. Ein einfacher Keimtest hilft weiter: Die Samen 8 Stunden in kaltes Wasser legen – die nicht keimfähigen sinken nach einigen Stunden ab.

Düngen, Mulchen und Gießen

Düngen

Wird beim Auspflanzen die Pflanzstelle reichlich mit Kompost durchmischt (10 Liter/Pflanze), benötigt man allenfalls noch geringe Gaben eines rasch wirkenden organischen Düngers wie Hornmehl oder Brennnesseljauche, falls die alten Blätter ihr sattes Grün verlieren. Wer jedoch meint, viel hilft viel, erlebt beim Kürbis wortwörtlich, was »ins Kraut schießen« bedeutet: Die Pflanze bildet unzählige, übergroße Blätter, setzt aber nur wenig Früchte an.

Kompost & Kürbis

Sitzen Kürbisse direkt auf dem Komposthaufen, reichern die Früchte zuviel Nitrat an, schmecken fad und sind weniger lang lagerfähig. Pflanzen, die den Kompost beschatten sollen, also besser 1 m neben den Haufen setzen.

Mulchen

Mulchen erleichtert die weiteren Pflegemaßnahmen erheblich. Dazu wird der Standraum der Kürbispflanze reichlich mit Grasmulch abgedeckt. Diese Mulchschicht schützt den Boden vor raschem Austrocknen, verhindert das Verschlämmen beim Gießen und verbessert die Luftführung. Zugleich unterdrückt sie den unerwünschten Pflanzenbewuchs, bis die riesigen Kürbisblätter selbst jede Konkurrenz unterbinden. Dies erspart lästiges und bei dieser Kultur auch unerwünschtes Hacken. Kürbisgewächse wurzeln so flach, dass beim Hacken die Wurzeln leicht verletzt werden.

Gießen

GLEICHMÄSSIG WÄSSERN Kürbisse überstehen kurze Trockenperioden, auch wenn sie dann zur Mittagszeit die Blätter hängen lassen. Allerdings sollte man während der Anfangsentwicklung und bis nach der Hauptblütezeit gleichmäßig wässern, damit das Wachstum nicht stockt und der Fruchtansatz nicht leidet.

KALTES WASSER aus der Leitung kühlt den Wurzelraum stark ab und behindert so das Wachstum. Wärmehungrige Gewächse bevorzugen an die Lufttemperatur angepasstes Wasser, etwa aus Reservebehältern oder Regentonnen.

Mehltaubelag auf der Blattoberseite

Robuste Gemüseart

Kürbisgewächse sind erfreulich wenig für Schädlinge anfällig. Abgesehen von Schneckenfraß an Jungpflanzen und den frisch angesetzten Früchten, sind keine Schäden zu befürchten. Blattläuse suchen normalerweise Pflanzen mit weniger behaarten Blättern heim, starker Befall tritt kaum auf.

MEHLTAUBELÄGE Im Spätsommer zeigen sich auf den Blättern vielfach Mehltaubeläge, die bei Zucchini und Squash den Erntezeitraum begrenzen, bei Lagerkürbissen das Ausreifen aber kaum noch beeinträchtigen. Wird darauf geachtet, dass beim Gießen die Blätter trocken bleiben, lässt sich der Befall etwas hinauszögern. Wer bei Zucchini virusresistente Zuchtsorten wählt, erlebt auch nicht den totalen Ernteausfall, den die Virosen verursachen können. Der »Gartenkaiser« kommt also problemlos ohne Pflanzenschutzmittel zurecht.

Aparte Kübelpflanze

REICHE BLÜTE Nicht nur besonders reich blühende Kürbissorten, wie die amerikanische Zucchinizüchtung 'Seneca Butterblossom', können sich mit Zierpflanzen erfolgreich messen. Die buschig wachsenden, also mit wenig Platz zufriedenen Zucchini-Pflanzen – hier vor allem die gelbfrüchtigen Sorten – stehen mit ihren silbrig marmorierten Blättern den übrigen Kübelpflanzen in nichts nach. Ihr Vorteil: Krankheiten und Schädlinge suchen das Gewächs nicht heim, und neben dem hübschen Anblick bescheren sie auch noch gesundes Frischgemüse für die Küche.

KLEINFRÜCHTIGE SORTEN wie 'Rolet', 'Baby Boo', 'Jack be Little', 'Mandarin' oder 'Sweet Dumpling' bilden vergleichsweise kurze Triebe und kleine Blätter aus. Ihre nur etwa faustgroßen Früchte können sich mit den schönsten Zierkürbissen messen und zählen dabei geschmacklich mit zum Besten, was das Kürbisreich zu bieten hat.

ATTRAKTIVER SICHTSCHUTZ Diese kleinwüchsigeren Sorten erklimmen Bäume, Stützgerüste, Zäune und Mauern, sie hängen aber auch kaskadenartig über das Balkongeländer. Sie ranken problemlos einige Meter in die Höhe und halten sich mit feinen Spiralfäden am Klettergerüst fest. Auf diese Weise entsteht ein attraktiver Sichtschutz. Bei großfrüchtigen Sorten werden die schweren Früchte mit zunehmender Reife zum Problem.

Ein Kürbisgarten für Kinder

Kaum eine Gartenpflanze eignet sich besser dafür, Kinder für das Gärtnern zu begeistern, als der frohwüchsige Kürbis. Ihre für Feinsämereien noch ungeschickten Hände kommen mit den großen Kürbissamen problemlos zurecht. Und auch ihre Geduld wird kaum strapaziert, denn bei Zimmertemperatur schiebt sich schon am dritten Tag der stattliche Keimling aus der Erde. Schon ein paar Tage später haben die zwei Keimblätter Daumenlänge erreicht, die weiteren Blätter entwickeln sich so rasch, dass man sie fast wachsen sehen kann. Dennoch sind die Jungpflanzen gefährdet: Schnecken lieben Kürbiskeimlinge und fressen die Delikatesse über Nacht kahl. Um den Kindern diese Enttäuschung zu ersparen, ist in schneckenreichen Gärten Schneckenschutz erforderlich.

FASZINIERENDE NATUR Das Gartenwunder schiebt dann je nach Sorte und Vitalität 5 bis 15 m lange Ranken. Die Blätter erreichen teilweise die Größe eines Schachtdeckels, die leuchtend gelben Blüten können Untertassengröße haben. Kinder schauen auch gerne zu, wie dicke Hummeln die Blüten anfliegen, im tiefen Kelch verschwinden und gelb bepudert wieder heraus taumeln.

DEN WACHSTUMSZYKLUS ERLEBEN Bei Sommerkürbissen können die Kinder schon kurz nach Öffnen der Blüte die Jungfrüchte ernten, bei Lagerkürbissen dauert es 3 bis 4 Monate bis zur Ernte. Dann ist man vor die Entscheidung gestellt, entweder auszuhöhlen, zu bemalen oder einfach nur zu essen. So haben die Junggärtner erfolgreich einen gesamten Wachstumszyklus kennen gelernt – Aussaat, Keimung, Blattentwicklung, Blüte, Fruchtansatz, Ausreifung, Ernte, Verwertung und Samenentnahme zur erneuten Aussaat.

Lästige Schnecken

Eigentlich haben Kürbisse einen natürlichen Schneckenschutz: sie wuchern so üppig, dass sie den Plagegeistern davon wachsen. Jungpflanzen können bei hohem Schneckenbesatz allerdings kahl gefressen werden.

Schneckenringe, Schutzzäune oder Schutzbleche schaffen wirksam Abhilfe. Bierfallen, Sägespäne oder Absammeln reichen meist nicht aus. Ältere Pflanzen sind sicher: die harten, stacheligen Blätter sind viel zu groß und unattraktiv, um ernsthaft beschädigt zu werden.

Ernten und Lagern

Herbstzeit ist Kürbiszeit. Deshalb spricht man auch von Herbstriesen und schätzt ihre ideal zur Jahreszeit passenden Farbtöne. Wann genau der Auszug aus dem Garten erfolgen muss, hängt von der Sorte und den Witterungsbedingungen ab. Richtig gelagert bleiben die Riesenbeeren bis zur neuen Ernte haltbar.

Erfolgreiche Ernte

Wann sind Kürbisse reif?

SOMMERKÜRBISSE Der Erntezeitpunkt bestimmt Geschmack und Haltbarkeit. Die Sommerkürbisse wie Zucchini, Squash und Rondini schmecken nur im Jugendstadium der Früchte, also unreif geerntet. Sie lassen sich aber dann nur eine Woche aufbewahren. Bleiben sie bis zur Vollreife an der Pflanze, entwickeln sie eine feste Schale und große, ausgereifte Kerne. Das Fleisch schmeckt dann aber strohig-fade.

WINTERKÜRBISSE wie Acorn-, Butternut-, Buttercup-, Hubbard- und sämtliche Aushöhl-Sorten müssen möglichst lange Sonne tanken, um optimal lagerfähig zu sein. Einige Hokkaido-Sorten können bereits Ende August erntereife Früchte tragen, haben also eine relativ kurze Vegetationszeit. Spätsorten wie 'Chioggia' und 'Triamble' brauchen meist bis Mitte Oktober, um vollreif zu sein.

Nicht ausgereifte Kürbisse

Wenn Kürbisse nicht ausgereift sind, schmecken sie fad und welken, da sich die Schale nicht vollständig ausgebildet hat, um die Frucht vor dem Austrocknen zu schützen.

Olive

Nachreifung

Nur wenige Sorten können getrennt von der Pflanze nachreifen, wenn sie zu früh geerntet wurden, das sind u.a. 'Olive', 'Langer aus Nizza' und 'Muskatkürbis'.

ERKENNUNG DER GENUSSREIFE
Zunächst gilt es zu erkennen, welche Winterkürbisse bereits genussreif sind. Das wichtigste Erkennungszeichen liefert der Fruchtstiel: er muss gut verholzt sein. Auch die Farbintensität gibt Auskunft, sofern man weiß, wie die Sorte vollreif aussieht. Der hohle Klang beim Anklopfen mit dem Fingerknöchel kann täuschen, gilt also keinesfalls als alleiniges Reifekriterium.

Behutsam Ernten

Obwohl sich reife Winterkürbisse hart anfühlen und unverwüstlich aussehen, muss man sie vorsichtig behandeln, wenn sie 4, 6, oder 8 Monate lang frische Vitalstoffe spenden sollen. Also keinesfalls werfen, unsanft rollen, die Schale verletzen oder den Stiel abbrechen. Nicht einwandfreie Früchte eignen sich nur für den baldigen Verzehr.

Zur Ernte trennt man den Stiel mit einer Rebschere nahe an der Ranke ab, damit ein möglichst langes Stück an der Frucht verbleibt. Der Stiel trocknet ein und verhindert so, dass Fäulniserreger durch diese Eintrittspforte in den Kürbis eindringen. Bricht der Stiel bereits bei der Ernte direkt an der Frucht ab, muss die Frucht bald verzehrt werden, da Fäulnispilze freien Zugang haben. Keinesfalls darf man für das Lager bestimmte Exemplare am Stiel tragen – er reißt besonders bei großen Früchten leicht ab. Trägt eine Pflanze, neben den reifen weitere unreife Früchte, muss die Ernte so erfolgen, dass die Ranken nicht verletzt werden.

TIPP **Setzt im Oktober feucht-kühles Wetter ein, kann es erforderlich werden, großfrüchtige Sorten mit einem Holzstück zu unterlegen, damit die Frucht an der Kontaktstelle zum nassen Boden nicht vorzeitig fault. Spätestens wenn die ersten Frostnächte kommen, gehören die letzten Früchte ins Warme. Erleiden sie eine Frostnacht, beginnen sie rasch zu faulen. Auch die Dekorationsstücke im Freien müssen bei Frost ins Haus.**

Ein untergelegtes Brett hält die Frucht trocken.

Richtige Lagerung

Kürbisse müssen trocken und warm lagern.

Auch wenn es darum geht, Kürbisse richtig aufzubewahren, gilt die grundsätzliche Unterscheidung in Sommer- und Winterkürbisse. Zucchini, Squash und Rondini zählen wie Salat, Bohnen oder Radieschen zu den rasch verderblichen Gemüsearten und halten sich bestenfalls 8 bis 10 Tage im Kühlschrank. Winterkürbisse dagegen können je nach Sorte wenige Monate bis weit über ein Jahr frisch bleiben (Lagerzeit siehe Sortenübersicht).

EINWANDFREIE FRÜCHTE mit Stiel versehen und ohne Risse oder Druckstellen, eignen sich als Wintervorrat. Solange die Herbstsonne scheint, sollten sie im Freien bleiben, nur muss es trocken und nachts frostfrei sein. Die Schale härtet dann besser aus und die Farbe wird intensiver.

IDEALE BEDINGUNGEN Der Wärmehunger der Kürbisse erstreckt sich auch auf das Winterlager. Optimal sind eine Luftfeuchtigkeit nicht über 70 % und Temperaturen über 15 °C. Die meisten Sorten sehen so attraktiv aus, dass man sie einfach als Dekorationsstücke in der Wohnung verteilen kann, idealerweise in Räumen mit Fußbodenheizung. Wenigstens einmal monatlich müssen alle Lagerkürbisse kontrolliert werden, ob erste schwarze Flecken oder eingesunkene Stellen auftreten. Angefaulte Früchte verbreiten einen äußerst unangenehmen Geruch, das Fruchtfleisch zersetzt sich zu einem matschigen Brei.

Einige Sorten, meist aus der Gruppe der Hubbard-Kürbisse, zeigen nach längerer Lagerung trockene Stellen im Fruchtfleisch. Wenn man sie ausschneidet, lässt sich der Rest unbeeinträchtigt verwenden. Kocht man die eingetrockneten Bereiche mit, schmeckt das Gericht leicht bitter. In sehr lange gelagerten Kürbissen zeigt sich manchmal ein Schnurgeflecht: die Sprossen gekeimter Samen – auf das Fruchtfleisch hat das aber keinen Einfluss.

NATÜRLICHER KREISLAUF Die gut entwickelten Samen reifer Kürbisse keimen willig aus, wenn man sie für die neue Gartensaison in die Erde steckt. Im Prinzip entwickeln sich daraus Pflanzen mit unveränderten Fruchteigenschaften. Wachsen aber viele Sorten nebeneinander, ist die Sortenreinheit nicht mehr gewährleistet, Mischformen können entstehen.

Die Samen von Hybridzüchtungen, gekennzeichnet mit F1 hinter dem Sortennamen, kann man nicht zur Nachzucht verwenden. Da Kürbissamen in wenigen Tagen so willig auskeimen, eignen sie sich als Keimsprossen. Will man die Kerne weder zu diesem Zweck noch zur Aussaat nutzen, sollten sie trotzdem nicht auf den Kompost wandern. An der Luft getrocknet, dienen sie als ideales Streufutter für Gartenvögel oder als willkommener »Snack« für Haustiere wie Hamster und Meerschweinchen.

KÖSTLICHE KERNE Bei den meisten Sorten sind die essbaren Kerne von einer zähen Schale umgeben. Einige Züchtungen tragen anstelle der festen Schale nur ein dünnes Häutchen. Der bekannteste und einzige, großflächig angebaute Kürbis mit schalenlosen Samen ist der 'Steirische Ölkürbis'. 'Eat-all', 'Herakles', 'Hull-less', 'Olina', 'Streaker', 'Sweetnut', 'Trick or Treat' und 'Triple Treat' sind ebenfalls Sorten, deren Samen sich ohne mühseliges Schälen genießen lassen.

Vor dem ersten Nachtfrost müssen Kürbisse ins Haus.

Gestalten mit Kürbissen

Kürbisse schmücken den Garten im Herbst, wenn die mächtigen Früchte, wie von Riesen verteilte Spielsachen auf den Beeten liegen, oder die bunten Kugeln kleinfrüchtiger Sorten die langen Ranken wie Perlenschnüre besetzen. Aber auch in Haus und Hof bieten die farbenprächtigen Riesenbeeren die Möglichkeit, kreativ zu werden und dabei aparte Dekorationen zu gestalten.

Kreative Kürbiswelt

Bereits im Sommer beeindruckt die üppige, vor Vitalität strotzende Blattmasse der Kürbisgewächse, die Meter für Meter durch den Garten wächst. Auch die buschig wachsenden Zucchini-Pflanzen wirken attraktiv. Die silbrig gesprenkelten Blätter können bei einer Zierpflanze nicht schöner ausfallen. Die großen, leuchtend gelben Blüten der Kürbisgewächse ziehen alle Blicke auf sich. Wenn die einjährige Pflanze aus dem Garten verschwunden ist, lässt sich mit den haltbaren Früchten ein Augenschmaus in Haus und Hof bereiten.

Hofdekorationen

Kürbisse sind Stubenhocker. Im Freien mögen sie nur liegen, wenn sie einen trockenen Platz an der Sonne haben. Dann härtet sich ihre Schale noch mehr und sie lassen sich länger lagern. Sobald die Nächte kühl und feucht werden, gehören die Kürbisse, die für den Wintervorrat bestimmt sind, ins Trockene – aber möglichst nicht unter 15 °C. Die dekorativen Exemplare, die für die Halloween-Schnitzerei vorgesehen sind oder die, die bald in den Kochtopf wandern, können im Freien bleiben.

ATTRAKTIVE HERBSTBOUQUETS

Wer eine große Ernte von zahlreichen Sorten sein eigen nennt, kann aus Kürbissen Blumenmuster legen oder Farbmuster bilden. Auch eine kunterbunte Mischung in Flechtkörben, auf Holzkarren, dekorativen Gestellen oder Strohballen bietet ein reizvolles Herbstbouquet.

LATERNEN, MOBILES & MEHR

Sehr wirkungsvoll und dabei ganz einfach herzustellen sind Kürbislaternen auf Pfählen, kleinere Gruppen erhöhen den Effekt. Schön wirken auch kleine, an Schnüren befestigte Kürbisse. Solche Perlenreihen beleben Zäune, Gitter, Fensterbänke, Türen, Pfosten und Mauern. Wer es etwas aufwändiger will, kann Mobiles herstellen aus Rebholz oder Korkenzieherhasel, und sie mit kleinen Kürbissorten behängen.

TIPP **Unter den Speisekürbissen gibt es verschiedene kleinfrüchtige Sorten, die jedem reinen Zierkürbis den Rang ablaufen. Zu diesen Schönheiten zählen der grün-weiß gesprenkelte 'Sweet Dumpling', der knallgelbe 'Jack be Little' und die spitz zulaufenden 'Acorn'-Vertreter. Ebenfalls kleine, dekorative Früchte liefern die Sorten 'Goldapfel', 'Kleiner Türkenturban', 'Panachee' und 'Rolet'. Dank ihrer handlichen Größe eignen sie sich für Schmuckschalen, Gestecke und floristische Gebinde.**

Raum- und Tischschmuck

Zu einer herbstlichen Einladung, vor allem wenn ein Kürbisgericht auf der Speisekarte steht, passt nichts besser als eine Tischdekoration mit Kürbissen.

TISCHKÄRTCHEN & NAMENSSCHILDER ꟹ in Form von beschrifteten Kürbissen verleihen der herbstlichen Tafel eine eigene Note. Aber auch lose verteilte kleine Kürbisse, oder Arrangements mit anderen Herbstfrüchten, verschönern den Herbsttisch. Sie benötigen wenig Zeit, wirken natürlich und lassen sich, ohne die Mülltonne zu belasten, über den Kompost entsorgen. Verwendet man zierende Speisekürbisse, kann man sie genussvoll über den Kochtopf »beseitigen«.

KÜRBIS-KOMPOSITIONEN ꟹ eignen sich natürlich auch für langlebigere Dekorationen als den einmaligen Tischschmuck. Einfach in mit Stroh gefüllte Flechtkörbe gelegt oder auf Metall- und Holzgestellen angeordnet, auf Biberschwanz-Ziegel drapiert, in Farbgruppen auf Schieferplatten, Sandsteinblöcke oder in Tonschalen gelegt, im Regal, auf der Fensterbank oder dem Büffet arrangiert – der Phantasie sind keine Grenzen gesetzt.

BLUMEN UND FRÜCHTE ꟹ Stimmungsvoll wirken auch Kombinationen von Kürbissen mit farblich abgestuften Blumen und Früchten. Je nach Kürbissorte vervollkommnen Efeublätter, buntes Herbstlaub, Hagebutten, Mispeln, Kastanien, Zierquitten, Äpfel, Vogelbeeren und Maiskolben die farbensprühende Herbstsinfonie.

Kürbisfloristik

Mit etwas mehr Aufwand und Fingerfertigkeit, als man für lose Arrangements benötigt, lassen sich Gestecke, Sträuße, Kränze und Gebinde herstellen. Außer den Garten- und Wildfrüchten des Herbstes passen auch die um diese Zeit noch blühenden Garten- und Feldblumen: Kissenastern, Herbstastern, Chrysanthemen, Efeublütenstände, Rainfarn, Strohblumen, späte Sonnenblumen und Kräuter-Fruchtstände. Mit Drähten oder Schaschlik-Spießen fixiert wirken kleine Kürbisse dazwischen überaus apart. Es gibt aber auch die Möglichkeit, etwas größere Kürbisse auszuhöhlen, ein mit Wasser gefülltes Glas hinein zu stellen und in dieser Kürbis-Blumenvase einen bunten Herbststrauß zu arrangieren. Als zusätzliche Dekoration eignen sich alle natürlichen Materialien wie Sackleinen, Bast, Baumwoll- und Leinenbänder.

Kürbisritzen

Wird die vor der Vollreife noch weiche Haut der Kürbisse verletzt, verkorken die betroffenen Stellen. Die Frucht wächst weiter ohne zu faulen. Diese Eigenschaft kann man sich zunutze machen und mit einem Messer Figuren, Muster, Symbole, Firmenlogos, Namenszüge oder Grußworte in die Haut ritzen. Sie zeigen sich bei der Ernte als braungraue Korklinien auf der ausgehärteten Kürbisschale. Der beste Zeitpunkt liegt gegen Ende des Volumenzuwachses, also 3 bis 4 Wochen vor der Vollreife.

Für die originelle Verzierungstechnik braucht man nur einen Nagel, um den geplanten Schriftzug 2 mm tief in die Oberhaut zu ritzen. Namen, ornamentale Muster oder einzelne Herzen und Sterne lassen sich mit Ausstechformen für Kekse mit einem kleinen Hammer vorsichtig 2 mm tief in die Kürbisschale klopfen. Sie wirken gleichmäßiger als von Hand geritzte Buchstaben- und Symbolfolgen.

Kürbisgeister

Die runde Form vieler Kürbissorten verleitet dazu, daraus Geisterköpfe oder lustige Fratzen herzustellen. Vorteil des Aushöhlens: Mit einer brennenden Kerze bestückt, wirken die Kunstwerke auch im Dunkeln dekorativ.

GRUNDMUSTER ~ Es gibt verschiedene Grundmuster, nach denen man einen Kürbiskopf gestalten kann. Zunächst muss man sich entscheiden, ob der Stiel als Nase dienen soll, oder nach oben bzw. unten ragt. Der Vorgang des Aushöhlens bleibt gleich:

- Kerne herauskratzen, das Fruchtfleisch gut 1 cm stehen lassen
- gewünschte Gesichtsform auf die Schale zeichnen
- mit einem spitzen Messer ausschneiden oder mit einem Stanzeisen ausstechen.

HALLOWEEN-GESPENSTER ~ Soll ein klassischer Halloween-Kürbiskopf entstehen, braucht man eine rundliche bis ovale Frucht, am besten einfarbig gelb, orange oder ocker-braun, idealerweise 3 bis 5 kg schwer (Sortenübersicht).

Orangefarbene Halloween-Kürbissorten zum Aushöhlen

Autumn Gold	3–5 kg
Funny Face	5–10 kg
Halloween	5–12 kg
Howden	4–15 kg
Jack o'Lantern	3–7 kg
Montana Jack	4–7 kg
Racer	5–7 kg
Rocket	5–9 kg
Spirit	4–6 kg
Tom Fox	5–10 kg

BEMALTE KÜRBISKÖPFE ~ Die wohlschmeckenden Sorten 'Blauer Ungarischer', 'Weißer Gartenkürbis' und 'Muskatkürbis' eignen sich, in Bezug auf Beschaffenheit der Schale und Form, ähnlich gut zum Aushöhlen wie der mäßig schmeckende 'Gelbe Zentner' oder die noch faderen Sorten 'Siamkürbis', 'Pepita', 'Evergreen', 'Baby Bear', 'Jack o'Lantern' und der nahezu ungenießbare Ölkürbis. Aber eigentlich sind aromatische Kürbisse viel zu schade zum Aushöhlen. Hier bietet es sich an, sie so zu dekorieren, dass sie für den Kochtopf nicht verloren sind: mit lebensmittelechten Farben. Am besten heben sich klare Farben wie Blau, Schwarz, Weiß und Rot von der Kürbisschale ab. Modefarben wie Pink, Neongrün, Türkis oder Lila harmonieren weniger mit den erdigen Herbsttönen der Kürbisgewächse.

KUNSTVOLLE FARBEN ~ Je nach Belieben bzw. Motivgröße kann man Fingerfarben mit den Fingern, oder mit etwas Wasser verdünnt, mit einem Pinsel auftragen. Wer sich eine klare Linienführung nicht zutraut, sollte das gewählte Motiv mit einem Filzstift vorzeichnen. Will man einen bestimmten Gesichtsausdruck erzielen, bietet es sich an, die Wirkung zunächst anhand von Skizzen auf Papier auszuprobieren.

Kürbisfiguren

Was der Schnee im Winter ermöglicht, bietet der Kürbis im Herbst: Das Material für große Figuren, also Schneemänner bzw. Kürbiskavaliere. Solche Kürbispuppen kann man – bis zu Lebensgröße – wie einen Schneemann aus drei verschieden großen, rundlichen Kürbissen aufbauen. Mit Hilfe von Draht oder Holzstäben lassen sie sich stabil verbinden. Besonders wirkungsvoll gerät der Kopf, wenn man ihn so aufsetzt, dass der Stiel zur Nase wird.

Kastanien oder Walnüsse eignen sich als Augen. Fehlt der Stiel oder dient er als Schopf, passen Karotte und Rettich als Nase. Man kann auch ein Gesicht schnitzen oder eines aufmalen. Als Arme bieten sich zu groß gewachsene Zucchini an.

KÜRBISSKULPTUREN ~ müssen aber nicht ausschließlich menschliche Figuren darstellen. Auch Fantasie- und Fabelwesen, Tiere, Alltagsgegenstände oder ganze Szenen können mit diesem Gemüse nachgestellt werden.

Kürbisgeschirr

Sich nach Pfadfinder- oder Indianermanier selbst das Essgeschirr herzustellen, hat einen besonderen Reiz für Kinder. Kleinfrüchtige Kürbissorten eignen sich ideal dafür. Je nach gewünschter Größe des Gefäßes, bieten sich verschiedene Sorten an (siehe Übersicht). Natürlich kann man auch Zierkürbisse verwenden.

Die kleinsten Speisekürbisse

Munchkin	100–200 g
Sweet Pie	100–200 g
Mandarin	200–300 g
Rolet	200–500 g
Wee be Little	300–500 g
Jack be Little	200–800 g
Goldapfel	200–900 g
Baby Boo	200–600 g
Sweet Dumpling	300–700 g
Bush Fire	400–600 g
Gold Nugget	400–600 g
Zapallito	400–700 g
Little Lantern	500–1000 g
Snackjack	500–1000 g
Spooktacular	500–1000 g
Heart of Gold	500–1500 g
Autumn Queen	500–1500 g
Baby Bear	500–1500 g
Futsu Black Rinded	500–1500 g
Jaspee de Vendee	500–1500 g

Kürbissamen-Basteleien

Wer bereits eine Kette aus Apfel- oder Birnenkernen gefertigt hat, wird mit den deutlich größeren Kürbiskernen keine Mühe haben.

Mit einer nicht zu dicken Stopfnadel lassen sich die Samen problemlos durchstechen – vorausgesetzt sie sind noch nicht zu alt. Völlig trockene Kerne können zu zäh und hart sein, wenn es sich um normale Sorten mit der üblichen, dicken Schale handelt. Natürlich kann man sich auch an gekauften, geschälten Kürbiskernen versuchen, sollte dann aber eine spitze, relativ feine Nadel verwenden, damit die dünnen Samen nicht entzweibrechen.

Die ungeschälten, hellen Kürbissamen lassen sich leicht mit wasserfesten Stiften bunt bemalen. Auf einem Zwirnfaden aufgereiht, ergeben sie bunte Ketten oder Serviettenringe. Wer über viel Geduld, Fantasie, ruhige Hände und Geschick verfügt, kann Kürbiskerne auch mit Mustern bemalen oder winzige Gesichter gestalten. Die Minigemälde ergeben, lose auf eine einfarbige Serviette gestreut, um den Teller drapiert, oder auf einem jungen Kürbisblatt bzw. entlang einer Ranke arrangiert, einen ausgefallenen Tischschmuck.

TIPP **Kürbiskerne passen auch zu Samenbildern, also mit verschiedenen Körnern gestalteten Darstellungen. Sie fügen sich harmonisch ein in Arrangements von Sonnenblumenkernen, Weizenkörnern, Senfsaat, Apfelkernen, Orangensamen, Bohnenkernen, Linsen und Trockenerbsen.**

Ernähren und Heilen

In der Natur gibt es immer wieder Glückstreffer. Als solche empfinden wir Gartenfrüchte, die köstlich schmecken und zugleich die Gesundheit fördern – alles ohne dick zu machen. Unter den Obstarten ist die Erdbeere ein solcher Glücksfall, beim Herbstgemüse ist es zweifelsohne der Kürbis.

Bewährte Arzneipflanze

Der »Kaiser des Gartens« nimmt im Bereich der Heilkunde durchaus den Stellenwert eines »Prinzen« ein. Kürbiskerne, Blätter und Wurzeln, innerlich und äußerlich angewendet, waren schon Bestandteil der Naturmedizin, lange bevor das Fruchtfleisch als gesundes Nahrungsmittel gegessen wurde. Das Fruchtfleisch bietet einen Rundumschutz für die Körperzellen und rüstet uns so für den Winter. Das Öl der Samen sorgt zudem für Schönheit von innen und außen.

Wie schafft es die Kürbispflanze, ihre je nach Sorte geradezu gigantischen Früchte in so kurzer Zeit so prall mit wertvollen Inhaltsstoffen auszustatten? Der Sonnenhunger der riesigen Blätter an den viele Meter langen Trieben trägt wesentlich dazu bei. Das Ergebnis in Form der reifen Frucht ist ein problemlos lagerfähiger, schmackhafter Gesundheitsspender, der bis weit ins neue Jahr zur Verfügung steht.

Die Kürbismedizin unserer Vorfahren

Von medizinischem Nutzen waren für unsere Vorfahren in erster Linie die Blätter, teilweise auch das zu Brei zerstampfte Fleisch und die Wurzel. Diese Kürbis-Arzneien kamen größtenteils äußerlich zur Anwendung.

Kürbis-Arzneien und Heilrezepte

Zunächst waren Kürbisse in der Küche einfach nur die Lieferanten für Kürbiskerne – ein nahrhaftes Lebensmittel, das reichlich Eiweiß und Fett liefert. Das bittere Fleisch wurde erst genutzt, nachdem man auf milder schmeckende Varianten stieß und sie bewusst so lange selektierte, bis es Sorten gab, die keine Bitterstoffe mehr enthielten.

KÜRBISFLEISCH ALS HEILMITTEL

Die Heilkundigen zu Beginn unserer Zeitrechnung kannten schon verschiedene Heilrezepte: »Kürbisse, die man in der Speise gebraucht, roh zerstoßen und übergelegt, sänftigen die Geschwüre und Geschwulste.« Sie empfahlen auch bei anderen Leiden, sich mit Kürbisfleisch Abhilfe zu verschaffen: »Mit Wermut und Salz genommen, vertreibt es das Zahnweh. Kürbissaft mit Essig erhitzt macht lockere Zähne wieder fest.« Naturheilpraktiker unserer Zeit raten, bei Wunden, Entzündungen und Krampfadern frisches Kürbisfleisch aufzulegen.

Der Ölkürbis liefert heilwirksame Samen, aber auch das Kürbisfleisch ist medizinisch wirksam.

GEGEN JEDES LEIDEN ... An die Fähigkeit des Kürbisfleisches, Wunden zu heilen, glaubte auch der Botaniker Leonhard Fuchs: Es gibt überhaupt fast nichts, was er dem Kürbis nicht zutraute. Sei es das Fleisch oder der Saft der Frucht, aufgelegt und eingenommen, für jedes Leiden nannte Leonhard Fuchs ein entsprechendes Kürbisrezept: Bei Bauchschmerzen Kürbissaft mit Honig trinken, in Flaschenkürbissen angesetzter Wein verbessert den Stuhlgang, Kürbissaft mit Rosenöl vermischt und in die Ohren gestrichen lindert Ohrenschmerzen.
Auch gegen Ruhr, Hämorrhoiden, Lungenleiden, Blasenschwäche und Darmbeschwerden wusste der spätmittelalterliche Mediziner ein aus dem Kürbis hergestelltes Gegenmittel.

Ähnliche Aussagen sind bei den Botanikern Matthiolus und Camerarius zu lesen. Der Arzt Johannis von Benerwych bestätigte die ansehnliche Liste der Heilkräfte der Kürbisgewächse, darunter auch die Aussage von Leonhard Fuchs über die Wirkung der Wurzel. Bei Fuchs heißt es: »Die wurzel gedorrt, gepulvert macht speien«. Benerwych bezeichnete Kürbiswurzeln als Arznei, die das Brechen erweckt und den Magen säubert »ohne alles Ungemach«.

HOMÖOPATHIE UND DIE MEDIZIN DER INDIANER Die Homöopathie unserer Tage verwendet rohes Fruchtfleisch für den genau entgegengesetzten Zweck: Um Erbrechen und Seekrankheit zu lindern. Den medizinischen Wert der Blätter, den die Indianer sich bei Verstauchungen und Muskelzerrungen zunutze machten, schätzten die Botaniker des 17. Jahrhunderts noch in anderer Hinsicht: »So man die Pferde mit dem Saft aus den Blättern bestreicht, sind sie sicher vor den Fliegen und Mucken.«

Aktuelle Kürbisheilkunde

Äußerliche Anwendung

Welche Inhaltsstoffe bei äußerlichen Anwendungen die Heilung fördern, ist nicht bekannt. Empfohlen wird bei Krampfadern, roh geraffeltes, möglichst kaltes Kürbisfleisch aufzulegen und 10 Minuten einwirken zu lassen. Die lindernde Wirkung beruht zum Teil auf der angenehmen Kühle, ähnlich den kalten Wassergüssen. Inwieweit auch bestimmte, im Kürbisfleisch enthaltene Stoffe positiv auf die Venen einwirken, ist nicht nachgewiesen. Das gilt auch für die Empfehlung, auf Wunden eine Scheibe Kürbisfleisch aufzulegen. Frisch geschältes Kürbisfleisch, aufgelegt in Form von Kompressen, lindert leichte Augenentzündungen. Bei deutlichen Beschwerden sollte man unbedingt zum Arzt gehen.

SCHMERZEN, KRÄMPFE, MUSKELKATER Bei Muskelkater, Prellungen, Blutergüssen, Zerrungen und Verstauchungen kommt Kürbiskernöl zum Einsatz. Wiederholte Einreibungen lindern Schmerzen und Krämpfe.

TIPP **Es ist auch möglich, Umschläge mit gemahlenen Kürbiskernen einzusetzen. Dazu werden 100 g Kürbiskerne im Mixer zerkleinert und mit 10 ml Kürbiskernöl vermischt. Diese Masse streicht man auf die schmerzende Stelle, umwickelt sie mit einem Baumwoll- oder Leinentuch und lässt sie 15 Minuten lang einwirken.**

VERSPANNUNGEN Bei Schmerzen und Verspannungen im Nacken und Rückenbereich wirken Massagen mit reinem Kürbiskernöl oder Mischungen aus 3 Teilen Kürbiskernöl und 1 Teil Olivenöl entspannend. Diese Massagen können kurzfristig die Symptome lindern. Langfristig kann man aber solchen Schmerzen nur begegnen, wenn man Haltungsfehler beim Sitzen korrigiert, durch Gymnastik die Rückenmuskulatur stärkt und grundsätzlich für ausreichend Bewegung sorgt – und bei wiederholten Beschwerden einen Arzt konsultiert.

Innerliche Anwendung von Kürbisprodukten

Für einige Indikationen empfehlen naturheilkundige Ärzte auch heute noch bestimmte Kürbisprodukte innerlich anzuwenden.

ÜBELKEIT ❦ Rohes Kürbismus unterdrückt den Brechreiz, wenn er durch Reise- und Seekrankheit oder Schwangerschaft hervorgerufen wird. Das mild schmeckende, wasserreiche Fleisch beruhigt den Magen.

WURMKUR ❦ Ein schonendes Heilmittel gegen Bandwürmer und andere Darmwürmer sind Kürbiskerne. Die Wirkung beruht vermutlich auf der in den Kernen reichlich enthaltenen Aminosäure Cucurbitin. Man nimmt an, dass Kürbiskerne die Haftfähigkeit von Würmern an der Darmwand herabsetzen oder die Würmer allgemein lähmen. Die harmlose Wurmkur wird vor allem Kindern, Schwangeren, Leberkranken und Rekonvaleszenten verordnet, da keinerlei Nebenwirkungen zu befürchten sind.

Die richtige Wurmkur

Das Lehrbuch der Phytotherapie von Rudolf Weiß nennt zwei Möglichkeiten, wie eine Wurmkur erfolgen kann. Bei der Schnellkur isst man 200 bis 400 g zerkleinerte Kerne in 2 Portionen auf nüchternen Magen. 2 Stunden später trinkt man 1 Tasse Kaffee mit 2 Teelöffeln Rhizinusöl. Die Kur sollte am nächsten Tag wiederholt werden.

Es ist auch möglich, 10 Tage lang jeden Morgen 20 bis 40 g zerkleinerte Kürbiskerne zu essen und am 10. Tag als Abführmittel 1 Tasse Kaffee mit 2 Teelöffeln Rhizinusöl zu trinken.

100 g frisches Fruchtfleisch enthalten

Inhaltsstoffe	Einheit	Kürbis	Zucchini
Energie	kcal/kJ	25/100	20/83
Wasser	g	91	92
Kohlenhydrate	g	5,5	2,1
Eiweiß	g	1,0	1,6
Fett	g	0,1	0,4
Ballaststoffe	g	2,2	1,1
Organische Säuren	g	0,2	0,4
Karotene	mg	8	1
Vitamin C	mg	12	16
Vitamin E	mg	1,1	0,8
Vitamin B_1	mg	0,05	0,02
Vitamin B_2	mg	0,07	0,08
Vitamin B_5	mg	0,50	0,40
Vitamin B_6	mg	0,11	0,12
Pantothensäure	mg	0,4	0,09
Folsäure	mg	0,03	0,025
Biotin	mg	0,0004	0,0017
Kalium	mg	385	160
Kalzium	mg	25	30
Phosphor	mg	44	23
Magnesium	mg	8	10
Natrium	mg	1	3
Schwefel	mg	10	25
Chlor	mg	18	40
Eisen	mg	0,8	1,5
Zink	mg	0,2	0,26
Kupfer	mg	0,08	0,04
Mangan	mg	0,07	0,14
Fluor	mg	0,02	0,02
Jod	mg	0,001	0,002

REIZBLASE ❦ Zwingender Drang zum Wasserlassen, auch wenn die Harnblase erst wenig gefüllt ist, wird als Reizblase bezeichnet. Hat das Leiden keine organischen Ursachen und liegt auch keine bakterielle Infektion vor, können Kürbiskerne die Beschwerden lindern. Vielfach spielen bei Frauen Umstellungen der Hormone in den Wechseljahren eine Rolle, meist im Zusammenspiel mit gestörter Funktion der Blasenmuskulatur. Kürbiskerne hemmen auch die Bildung von Kalziumoxalatkristallen, die sich zu Blasensteinen verbinden. Der Heileffekt von Kürbissamen und Kürbiskernöl beruht darauf, dass einige der Inhaltsstoffe direkt auf die Blasenmuskeln einwirken. Linolsäure trägt dazu bei, die Muskeln zu koordinieren und Vitamin E kräftigt Bindegewebe und Muskeln. Das Ergebnis: Restharn wird vorgebeugt, der Harndrang wird seltener.

Kürbiskernkur bei Reizblase

Diese Kur sieht vor, zweimal täglich 1 Esslöffel Kürbiskerne zu essen, entweder zuvor zerkleinern oder gut kauen. Die Kur sollte mindestens 3 Monate lang dauern. Man kann auch täglich 1 bis 2 Kapseln einnehmen, die Kürbiskernöl enthalten.

PROSTATAVERGRÖSSERUNG ❦ Die Hälfte der über 40 Jahre und 80 % der über 60 Jahre alten Männer sind von einer Vergrößerung der Prostata betroffen. Die Medizin unterscheidet drei Stufen der gutartigen Prostatavergrößerung (Adenom). Das Bundesgesundheitsamt bestätigt, dass Kürbiskerne bei Prostata-Adenomen im ersten und zweiten Stadium positiv wirken und schlägt als Tagesdosis 10 Gramm vor.

Im ersten und beginnenden zweiten Stadium können Kürbisprodukte bewirken, dass die Vergrößerung langsamer vonstatten geht oder ganz zum Stillstand kommt. Zugleich stärken Kürbiskerne die Blasenfunktion und wirken so dem Harndrang entgegen. Die Stärke des Harnstrahles nimmt wieder zu, die Blase wird vollständiger entleert, Nachtröpfeln und verzögerter Beginn beim Wasserlassen werden seltener. Damit gehören Kürbiskerne zu den Naturarzneien, die nicht nur vorbeugen, sondern auch heilen.

Prostataleiden und Reizblase

Um Prostataleiden und Reizblase wirksam zu begegnen, sollte man so oft wie möglich in Salaten Kürbiskernöl verwenden, statt Süßigkeiten Kürbiskerne knabbern und verstärkt Gerichte bereiten, die reichlich Kürbiskerne enthalten.

Gesundes Kürbisfleisch

Der Kürbis erreicht mit keinem seiner Inhaltsstoffe absolute Spitzenwerte, er besticht vielmehr durch die ausgewogenen Mengen aller Wertstoffe. Obwohl das Fruchtfleisch der meisten Lagersorten fest ist und eher trocken wirkt, besteht es zu über 90 % aus Wasser. Entsprechend wenig Kalorien liefert es: nur 25 kcal (104 kJ) in 100 g Fruchtfleisch. Neben den Zellschutz-Vitaminen A, C und E ist auch die Gruppe der B-Vitamine gut vertreten.

Ballaststoffe

Kürbisse enthalten reichlich Wasser und Ballaststoffe. Dadurch fördert das Fruchtfleisch die Verdauung. Da der Fettgehalt minimal ist, wird die Bauchspeicheldrüse wenig beansprucht. Kürbisse wirken zugleich entwässernd und harntreibend und helfen so, leichte Wasseransammlungen im Gewebe aufzulösen und Giftstoffe auszuschwemmen.

Wie Spargel und Erdbeere zählt der Kürbis zu den Nahrungsmitteln, die unseren Organismus entschlacken. Kürbiskuren tragen dazu bei, all jene Beschwerden zu lindern, die mit der Verschlackung des Körpers zusammenhängen können: Kopfschmerzen, Hautunreinheiten und Verdauungsstörungen. Um einen spürbaren Effekt zu erzielen, sollte man mindestens eine Woche lang täglich 500 g Kürbisfleisch essen, sich in dieser Zeit möglichst fettarm ernähren und täglich mindestens 2 Liter trinken.

Karotene

Dass Kürbis, Karotte, vollreifer Paprika und Grünkohl die Gemüsearten sind, die unsere Zellen schützen, liegt am außergewöhnlich hohen Gehalten an Karotenen und ihrem Wechselspiel mit den ebenfalls gut vertretenen Vitaminen C und E. Kürbisse sind ein ausgezeichnetes Karoten-Depot. 100 g Fruchtfleisch enthalten im Durchschnitt weit über 4 mg Karotene; die von der Sorte und den Wachstumsbedingungen abhängige Schwankungsbreite liegt zwischen 1 und 10 mg. Damit steht der Kürbis an zweiter Stelle nach der Karotte, die dieser Gruppe von Zellschutzstoffen den Namen gab. Karotten enthalten im Durchschnitt gut 10 mg Karotene.

TIPP Ernährungsexperten empfehlen, täglich mindestens 15 mg Karotene zu essen, um sich vor Krebs, Herz-Kreislauf-Erkrankungen, Rheuma und Grauem Star zu schützen. Wichtig ist aber, dass die Karotene direkt aus Obst und Gemüse stammen, da Vitamin-Präparate meist nur Betakarotin, also eine der über 600 Verbindungen enthalten. Erst das Zusammenspiel der gesamten Karotene in Wechselwirkung mit sonstigen Inhaltsstoffen wie Vitaminen und Rohfasern bewirkt den Zellschutz.

Wirksamer Zellschutzstoff

Karotene sind rote, orange und gelbe Pflanzenfarbstoffe. Aus 60 der über 600 in Pflanzen enthaltenen Karoten-Verbindungen kann der Körper Vitamin A aufbauen. Die dafür nicht benötigten Mengen nutzt er, um freie Radikale abzuwehren. Karotene wirken wie Vitamin C und E als zellschützende Antioxidanzien. Die bekanntesten Karoten-Zellschutzstoffe sind Betakarotin und der Tomatenwirkstoff Lykopin.

Eine Studie schwedischer Medizinwissenschaftler belegt, dass isolierte Betakarotin-Gaben eher schaden als nützen. Frauen, die täglich hohe Mengen Karotene aus Obst und Gemüse zu sich nahmen, hatten ein 30 % geringeres Brutkrebsrisiko als die Kontrollgruppe. In der Gruppe der Frauen, die reines Betakarotin aus Präparaten einnahmen, trat im Vergleich zur Kontrolle sogar 25 % mehr Brustkrebs auf.

KREBSSCHUTZSTOFFE Diese Kürbiskarotene verhindern, dass leicht oxidierbare Zellsubstanzen wie ungesättigte Fettsäuren angegriffen werden und in der Folge Tumore entstehen, indem sie freie Sauerstoff-Radikale binden.

Um die Zellen nachhaltig vor Krebs zu schützen, empfehlen Wissenschaftler der Bundesforschungsanstalt für Ernährung Karlsruhe, täglich so viele Karotene zu sich zu nehmen, wie in jeweils einem Glas Karottensaft oder Tomatensaft enthalten sind. Damit der Körper Karotene aufnehmen kann, benötigt er einige Fettmoleküle. Also am besten ein paar Kürbiskerne mitessen.

Die Krebsschutzstoffe wirken aber auch als Arterienputzer. Dadurch verhindern sie Herz-Kreislauf-Erkrankungen, die entstehen, wenn sich an den Herzkranzgefäßen Ablagerungen bilden und die Arterien verstopfen.

Weitere Wirkungen der Karotene: Sie beugen Grauem Star vor und unterstützen das Immunsystem, indem sie die Anzahl der Killerzellen erhöhen und die Helferzellen aktivieren.

CHOLESTERINHEMMER In Kürbissen finden sich außer Karotenen die ebenfalls zu den bioaktiven Substanzen zählende Stoffgruppe der Phytosterine. Diese schlagkräftigen Cholesterinhemmer reduzieren auch das Risiko, an Darmkrebs zu erkranken. Sie verhindern, dass die krebserzeugende, sekundäre Gallensäure entsteht.

Heilkräftiger Kürbissamen

Samen sichern den Fortbestand der Pflanzen und ihrer Art. Sie müssen den jungen Keimling so lange mit Nährstoffen versorgen, bis er ausreichend Wurzeln und Blätter entwickelt hat, die ihn fortan ernähren. Dies erklärt die enorme Nährstoffdichte der Pflanzensamen. Ihr hoher Gehalt an Fetten und Eiweißen bedingt die hohe Kalorienzahl: Kürbiskerne kommen auf bis zu 600 kcal, Walnusskerne liefern sogar 700 kcal. Außer Vitaminen und Mineralstoffen bietet der Kürbissamen die Cholesterin ausgleichenden Phytosterole, die vor hormonbezogenen Krebsarten schützenden Phytoöstrogene, seltene Aminosäuren wie Cucurbitin und Zitrullin, ferner Chlorophyll und viele Ballaststoffe. Zudem fallen die enormen Zinkmengen ins Auge: über 6 mg je 100 g, das entspricht dem halben Tagesbedarf.

100 g Kürbiskerne enthalten

Inhaltsstoffe	Einheit	
Energie	kcal/kJ	550–600/2290–2500
Fett	g	35–50
Eiweiß	g	30–40
Kohlenhydrate	g	5–10
Ballaststoffe	g	3–5
Mineralstoffe	g	4–5
davon Zink	mg	6,4
Kalium	mg	300
Eisen	mg	0,8
Vitamin E	mg	30

Mineralstoffe

Am auffälligsten sind bei Kürbiskernen die Gehalte an Zink und Selen. Aber auch Kalium, Kalzium, Magnesium, Phosphor, Eisen und Mangan spenden die Kerne reichlich. In Bezug auf das Spurenelement Zink gibt es keine reichhaltigere pflanzliche Quelle: 6,4 mg/100 g. Zink unterstützt zahlreiche Enzyme und stabilisiert die Zellmembrane. Bei Mangel stellen sich Zwergwuchs, vorzeitig ergrautes Haar und Depressionen ein.

Außer Zink liefern Kürbiskerne auch reichlich Selen. Das Spurenelement schützt im Zusammenspiel mit Vitamin C, E und Karotenen die Zellen vor freien Radikalen. Selen aktiviert zudem das Immunsystem, hemmt Entzündungen, reguliert den Blutdruck und beugt Arteriosklerose vor.

TIPP **Kürbiskerne wirken geradezu als »Launeheber«, da Zink mit dem ebenfalls gut vertretenen Mangan dazu beitragen, dass wir Zuversicht und Glück empfinden.**

Fette

Ungesättigte Fettsäuren sind für unsere Ernährung besonders wertvoll, allen voran Linolsäure. Um Hauterkrankungen, Muskelschwäche, Wachstums- und Fruchtbarkeitsstörungen zu vermeiden sollten wir täglich 10 Gramm aufnehmen. Kürbiskerne bestehen zu 50 % aus Fett – vier Fünftel davon sind ungesättigte Ölsäuren: 20 bis 30 % einfach ungesättigte Fettsäuren, 45 bis 65 % mehrfach ungesättigte Linolsäure, 10 bis 15 % Palmitinsäure und 5 % Stearinsäure. Das aus den getrockneten, gemahlenen, gerösteten und bei 60 °C gepressten Samen gewonnene Öl schmeckt nussig; kalt gepresstes Öl ist weitgehend geschmacksneutral.

TIPP Wie alle ungesättigten Fettsäuren oxidiert Linolsäure leicht. Kürbiskernöl muss deshalb luftdicht, kühl und dunkel aufbewahrt werden.

Die dunkelgrüne Farbe des Öls geht auf Karotene (vorwiegend Lutein), Chlorophyll B und Pheophytin A zurück.

Vitamin E

Fetthaltige Samen enthalten besonders viel Vitamin E als Eigenschutz, denn dieses Antioxidans verhindert, dass die Fettsäuren rasch oxidieren bzw. ranzig werden. Altersflecken auf der Haut sind im Grunde genommen nichts anderes als oxidierte Fette. 100 g Kürbiskerne enthalten 30 mg Vitamin E, mehr bietet nur ungeschälter Leinsamen. Dieses Vitamin setzt sich aus mehreren Tokopherolen zusammen und bewahrt den Körper vor vorzeitigen Alterungsprozessen und regelt zusammen mit Vitamin C die Fettverbrennung. Zugleich aktiviert Vitamin E die Gehirnzellen und erhält so die Lernfähigkeit bis ins hohe Alter. Die in den Kürbiskernen vorkommenden Tokotrienole helfen zudem die Cholesterinsynthese zu hemmen.

Der Kürbis in der Küche

Damit der Kürbis seinem Ruf als kulinarische Wiederentdeckung gerecht werden kann, muss nicht nur die Sorte stimmen. Er muss auch gekonnt zubereitet und mit den richtigen Zutaten kombiniert werden. Die Verwertungsmöglichkeiten sind beinahe so zahlreich wie die Sorten selbst.

Kürbisse genießen

Vom »Armeleuteessen« zum Gourmetgemüse

Dass sich der Kürbis vom Armeleuteessen zum Gourmetgemüse gemausert hat, ist dem besseren Sortenangebot zu verdanken. Andererseits konnte sich ein breites Sortenspektrum am Markt erst durchsetzen, seit die Nachfrage entsprechend hoch ist. Inzwischen gibt es für jeden Verwendungszweck die geeignete Sorte.

SORTENWAHL JE NACH REZEPT

Abgesehen von persönlichen Vorlieben, die sich mit der Zeit heraus kristallisieren, helfen einige Grundregeln bei der Sortenwahl für unterschiedliche Rezepte. Will man eher neutral schmeckende, große Massenkürbisse wie 'Gelber Zentner' verwerten, bieten sich Rezepte mit kräftigen Gewürzen an, beispielsweise herzhafte Suppen, Chutneys oder süßsauer Eingelegtes. Für Kuchen und andere Süßspeisen eignen sich eher trockenfleischige, süß aromatische Sorten wie 'Buttercup', 'Butternut', 'Hokkaido' oder 'Muskatkürbis'. Sie geben allerdings auch herzhaften Gerichten eine besonders feine Note. Je nach der gewählten Sorte kann dasselbe Rezept ganz unterschiedliche Geschmackserlebnisse bieten.

Geeignete Zutaten

Eine nussig-aromatische Sorte schmeckt – in wenig Olivenöl gedünstet – ohne jede weitere Zutat. Zu Suppen und kräftigen Hauptgerichten passen Kräuter wie Basilikum, Boretsch, Currykraut, Dill, Petersilie, Thymian und Schnittlauch in nicht zu großen Mengen. Als unterstützende Gewürze bieten sich neben Salz und frischem Pfeffer auch Chili, Curry, Paprika, Piment und Muskatnuss an.

Eine kleine Prise Zucker wirkt als unbedenklicher Geschmacksverstärker. Bei einigen Rezepten lässt sich ein Teil der angegebenen Menge an Gemüsebrühe durch Karottensaft ersetzen. Er harmoniert ausgezeichnet mit Kürbissen und liefert zusätzliche Vitamine. Olivenöl passt zu allen herzhaften Kürbisgerichten, für Salate und Suppen bietet sich auch Kürbiskernöl an.

Kürbissorten mit essbarer Schale

Sorte	Fruchtgewicht
Baby Boo	200–600 g
Black Forest	300–1500 g
Blue Kuri	500–2000 g
Buttercup	500–2000 g
Delica	500–2000 g
Futsu Black Rinded	500–1500 g
Grüne Hokkaido	500–2000 g
Hokkori	300–1500 g
Jack be Little	200–800 g
Roter Hokkaido	500–2000 g
Snow Delight	500–2000 g
Sweet Dumpling	300–700 g

Mengenangaben

Kürbisse unterscheiden sich bezüglich Aussehen, Größe und Geschmack. Zudem haben sie abweichende Anteile an verwertbarem Fruchtfleisch. Die leicht zu verarbeitenden Sorten 'Butternut', 'Langer aus Nizza' und 'Trombolino' liefern über 90 % Fruchtfleisch, bezogen auf die gesamte Kürbisfrucht. Bei Sorten mit größeren Anteilen an Samen und Schale kann bis zu 50 % Abfall anfallen. Deshalb sind in den Zutatenlisten von Rezepten normalerweise die erforderlichen Kürbismengen in Gramm Fruchtfleisch angegeben – je nach Sorte und Belieben, mit oder ohne Schale. Sorten, deren Schale gut verzehrbar ist, sollte man möglichst auch nicht schälen. Dabei gehen wertvolle Inhaltsstoffe verloren. Essbare Schalen haben, außer rechtzeitig geernteten Zucchini, Squash und Rondini, auch zahlreiche Lagersorten (siehe Übersicht).

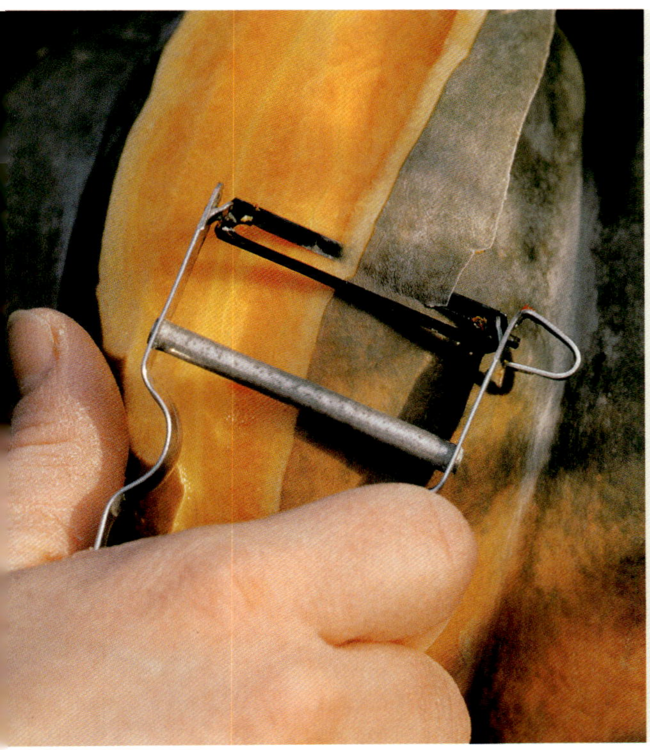

Kürbisse schälen

Im rohen Zustand lassen sich glattschalige Sorten rasch und sauber mit einem Spargelschäler vorbereiten. Schwierig ist es bei den extrem hartschaligen oder warzigen Sorten wie 'Chioggia', 'Hubbard'-Varianten und 'Türkenturban'. Manchmal bietet es sich an, den Kürbis roh in Stücke zu zerteilen und segmentweise zu schälen. Kleinere Kürbisse kann man ungeschält garen und dann mit einem Löffel das Fleisch aus der Schale lösen.

Blüten und Blätter nutzen

GERICHTE VERFEINERN ❧ Kürbisse entwickeln ungeheure Blattmassen. Die Indianer nutzten auch die Blätter, grob gehackt, wie Blattspinat zubereitet. Die leuchtend gelben, handgroßen Blüten aller Speisekürbissorten verfeinern – in feine Streifchen geschnitten, roh oder kurz gedünstet – Suppen, Aufläufe, Gemüse und Salate. Sie lassen sich auch gut füllen, in Teig ausbacken oder süß frittieren. Das Vorbereiten geht rasch: Den Stempel bzw. die Staubgefäße herausschneiden, Kelchblätter abzupfen, die Blüte kurz in kaltes Wasser tauchen und abtropfen lassen.

ALS FÜLLUNGEN ❧ eignen sich gut gewürzte Gemüsemischungen mit geriebenem Käse, frischen Kräutern und einem verquirlten Ei. Die gefüllten Blüten werden in der Pfanne gebraten. Natürlich passt zum Füllen auch Hackfleischbrät mit geraspeltem Kürbisfleisch, grünen Bohnen, gerösteten Brotwürfelchen und Zwiebeln vermischt. Anstatt die gefüllten Blüten in der Pfanne anzubraten, kann man sie auch in eine ofenfeste Form legen, mit etwas Weißwein übergießen und zugedeckt eine halbe Stunde garen.

BLÜTENFREUDIGE ZÜCHTUNGEN ❧ Da es bei uns kaum frische Kürbisblüten zu kaufen gibt, muss man sich diese Delikatesse selber ziehen. Besonders viele Blüten liefern auf dem Balkon oder im Garten kultivierte Pflanzen der speziell zu diesem Zweck gezüchteten Zucchinisorte 'Seneca Butterblossom F1'. Sieben Wochen nach der Aussaat beginnt die extrem blühfreudige Züchtung ihren Blütensegen zu spenden. Natürlich ist eine üppig mit Blüten übersäte Pflanze zugleich eine Augenweide und lockt allerlei Nutzinsekten an. Die hellgrünen Früchte schmecken ebenfalls gut.

Kürbisblüten

Kürbisse haben getrennte männliche und weibliche Blüten. Die männlichen Blüten sitzen auf langen, dünnen Stielen und haben nur Staubgefäße, die weiblichen nur einen Stempel.

Männliche und weibliche Blüte

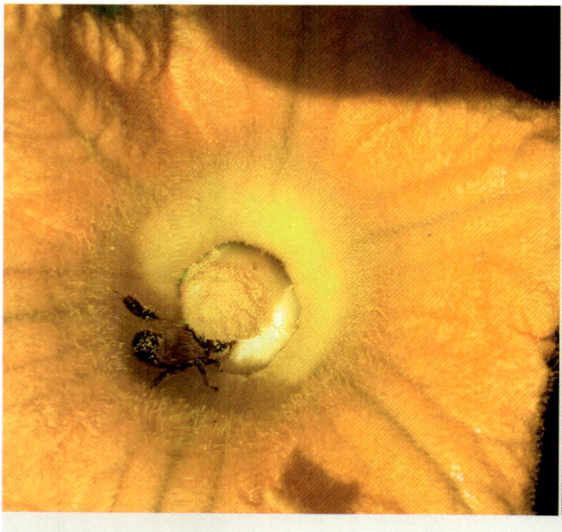

Köstliche Rezepte mit Kürbissen

PIKANTER KÜRBISSALAT

4 PORTIONEN

- 300 g Kürbisfleisch
- 100 g Karotten
- 100 g scharfer Rettich
- 1 kleiner Apfel
- 1/2 Bund Schnittlauch

SALATSOSSE:

- 2 EL Olivenöl
- 3 EL Zitronensaft
- 1/2 EL Senf
- 1/2 TL Zucker
- Pfeffer, Salz
- Kerbel- oder Petersilienblättchen

ZUBEREITUNG

Kürbisfleisch und geputzte Karotten fein raspeln. Rettich putzen und grob raspeln. Apfel waschen, entkernen und in feine Stücke schneiden. Alle Zutaten mischen und fein geschnittenen Schnittlauch zugeben.

Soßenzutaten verrühren und gut mit dem Salat vermengen, mit Kräuterblättchen garnieren.

TIPP

Milder schmeckt der Salat, wenn man den Rettich durch Radieschen-Scheiben ersetzt.

ZUCCHINI-SUPPE MIT BLÜTEN

4 PORTIONEN

- 500 g Zucchini, 100 g Zucchini-Blüten
- 500 ml Gemüsebrühe
- 50 g Crème fraîche
- 1 Zwiebel, 1 Knoblauchzehe
- 1 frische Pepperoni-Schote
- 2 EL Olivenöl, Salz, Pfeffer
- 3 EL gehackte Kräuter, z.B. Petersilie, Kerbel, Thymian, Boretsch

ZUBEREITUNG

Zucchini-Blüten von Stempel bzw. Staubgefäßen befreien, 1 Blüte beiseite legen. Die übrigen Blüten grob in Streifen schneiden. Zucchini waschen und in Scheiben zerteilen, Zwiebeln und Knoblauch fein schneiden. Pepperoni waschen, Stielansatz und Scheidewände entfernen, Fruchtwand in Streifen schneiden.

Alle aufbereiteten Gemüsezutaten in Olivenöl kurz anbraten. Mit Gemüsebrühe aufgießen, Kräuter und Gewürze zugeben und 15 Minuten köcheln. Suppe pürieren, Crème fraîche unterrühren, nochmals erhitzen.

Vor dem Servieren mit der beiseite gelegten, fein geschnittenen Zucchini-Blüte garnieren.

TIPP

Mit Einlagen wie Putenstreifen, Pilzen und reichlich Croutons wird die hellgrüne Cremesuppe zum Hauptgericht.

KÜRBISBROT NACH TIROLER ART

4 PORTIONEN

- 400 g Kürbiswürfel (alle pürierfähigen Sorten)
- Brotgewürze (Fenchel, Koriander, Kreuzkümmel, Kümmel)
- 25 g frische Presshefe
- 750 g Mehl
- 15 g Salz

ZUBEREITUNG

Kürbiswürfel weich kochen, Salz und Gewürze zugeben, durchmixen und stehen lassen. Abgesetzte Flüssigkeit abgießen und beiseite stellen. Hefe mit 125 ml Kürbissaft oder Wasser auflösen und 20 Minuten warm (30 °C) stellen. Kürbisbrei mit Hefe und Mehl durchkneten, restlichen Kürbissaft dazugeben, bis ein geschmeidiger, kompakter Teig entsteht. 1 Stunde ruhen lassen, die Masse soll sich verdoppeln.

Nochmals durchkneten und 30 Minuten stehen lassen. Neuerlich durchkneten und in bemehlte Brotformen geben, erneut etwas gehen lassen. Im vorgeheizten Backofen bei 200 °C 45 Minuten backen.

TIPP

Alle Zutaten und der Arbeitsraum müssen warm sein. Bei Roggenmehl wird der Hefebedarf um 50 % erhöht.

FRITTIERTES SOMMERGOLD

4 PORTIONEN

- 8 Kürbisblüten
- 1 Ei
- 100 g Mehl
- 200 ml Milch
- 1 Prise Salz
- 1 EL Zucker
- 1/2 P. Vanillezucker
- Sonnenblumenöl zum Ausbacken

ZUBEREITUNG

Blüten waschen, Staubgefäße bzw. Stempel heraustrennen, Stiel belassen; dann die Blüten vorsichtig trocknen. Mehl, Eigelb, Zucker und Milch gut verrühren. Eiweiß mit 1 Prise Salz steif schlagen, dann unter den Teig heben

Reichlich Öl in einer Pfanne erhitzen. Die Blüten am Stiel halten und durch den Teig ziehen, kurz abtropfen lassen. Teigblüten im heißen Öl 2 Minuten frittieren, dabei wenden. Frittierte Blüten auf einem Küchentuch abtropfen und erkalten lassen.

Je 2 Blüten auf einen Teller legen und mit Puderzucker bestäuben.

TIPP

Servieren Sie die Kürbisblüten mit frischen Beeren und heißer oder kalter Vanillesoße.

KÜRBIS-TEIGTASCHEN

4 PORTIONEN

FÜLLUNG:

- 300 g festfleischige Kürbiswürfel
- 110 g Senffrüchte (Mostarda)
- 60 g Amaretti
- 1 EL Semmelbrösel
- weißer Pfeffer, Salz
- Muskatnuss, Zitronenschale

TEIG:

- 300 g Mehl, 3 Eier
- 1 EL Olivenöl, Salz

ÜBERGUSS:

- 2 EL Butter
- Parmesankäse, gerieben

ZUBEREITUNG

Kürbiswürfel zu einem Brei kochen, mit den fein gehackten Senffrüchten, Semmelbröseln und den geriebenen Amaretti verrühren. Mit Muskatnuss, Pfeffer, etwas abgeriebener Zitronenschale und Salz würzen. Zum Durchziehen einige Stunden stehen lassen. Aus Mehl, Öl, Eiern, etwas Salz und ein wenig lauwarmem Wasser einen glatten, elastischen Teig kneten. In Frischhaltefolie eingepackt 30 Minuten ruhen lassen.

Teig nochmals durchkneten, 2 mm dünn ausrollen und 5 cm große Quadrate schneiden. Etwas Füllung in die Mitte geben, die Ränder mit nassem Finger befeuchten und die Teigtasche zusammenklappen. Die Ränder gut zusammendrücken. In reichlich Salzwasser kochen, mit einem Sieblöffel aus dem Wasser heben und warm stellen. Butter in kleiner Pfanne vorsichtig aufschäumen lassen und über die Teigtaschen gießen, geriebenen Parmesan darüber streuen.

TIPP

Bereiten Sie gleich eine größere Menge zu, die Sie dann lose tiefgefrieren. Ideale Spezialität für unerwartete Gäste!

ZUCCHINI-CHUTNEY

- 1,2 kg Zucchini
- 250 g Gemüsezwiebel
- 400 g Äpfel
- 300 g Birnen
- 1 Zitrone
- 1 Knoblauchzehe
- 125 ml Apfelessig
- 100 g Zucker
- 1 EL Salz
- 1 TL Senfkörner
- 10 g frischer Ingwer
- Piment, Pfeffer

ZUBEREITUNG

Zucchini waschen und in knapp 1 cm dicke Scheiben schneiden. Zwiebeln und Knoblauch fein würfeln. Äpfel und Birnen waschen, halbieren, Kerngehäuse entfernen, dann ungeschält in schmale Spalten teilen. Zucker im Essig auflösen, erhitzen, Früchte, Gemüse und Gewürze zugeben, gut 10 Minuten kochen.

Heiß randvoll in Gläser füllen und sofort verschließen.

TIPP

Im Kühlschrank halten sich angebrochene Chutney-Gläser 2 bis 3 Wochen.

INGWER-KÜRBIS SÜSSSAUER

- 2 kg Kürbisfleisch in Würfeln
- 800 g Zucker
- 500 ml Apfelessig
- 150 ml Apfelsaft
- 50 g frischen Ingwer
- 1 Zitrone
- 2 Stangen Zimt
- 2 Sternanis
- 10 Gewürznelken

ZUBEREITUNG

Zucker, Essig, Apfelsaft und Zitronensaft in einem großen Topf mischen. Ingwer schälen und fein schneiden oder grob raspeln und zusammen mit den übrigen Gewürzen in den Topf geben, dann aufkochen. Kürbiswürfel zugeben und glasig kochen.

Heiß in Gläser mit Schraubverschluss füllen – innerhalb von 6 Monaten verbrauchen.

TIPP

Diese klassische Variante lässt sich vielfältig abwandeln. Ein Beispiel: Einen Teil der Kürbismenge durch Paprika oder Cocktailtomaten ersetzen. Anstelle von Zimt und Sternanis eignen sich dann Lorbeerblätter und Wacholderbeeren.

APFEL-KÜRBIS-MARMELADE

- **500 g Kürbisfleisch**
- **600 g Äpfel**
- **500 g Gelierzucker 2:1**
- **1 Zitrone**
- **1 Zimtstange**

ZUBEREITUNG

Kürbis in kleine Würfel schneiden. Äpfel waschen, entkernen und stückeln. Apfel-Kürbis-Mischung mit Zitronensaft und 5 EL Wasser oder Apfelsaft aufkochen, dann pürieren.

Gelierzucker unterrühren, Zimtstange zugeben und 3 Minuten sprudelnd kochen. Zimtstange entfernen und die Marmelade randvoll in verschließbare Gläser füllen.

TIPP

Kocht man anstelle von Zimt 3 EL eingelegten Pfeffer mit, eignet sich die Marmelade auch als Beigabe zu Fleischgerichten.

Adressen

Bezugsquellen

Gut sortierte Gartencenter führen mindestens zehn Sorten im Saatgut-Sortiment. Im Internet lassen sich beispielsweise mit dem Portal www.greenseek.de viele weitere Bezugsadressen finden. Ein österreichisches Bezugsquellen-Portal im Internet ist www.verwaltung.steiermark.at/cms/beitrag/10013700/95125. Ein allgemeines Suchportal ist www.produkteportal.de.

Hier eine Auswahl erprobter Bezugsquellen:

ALLERLEIRAUH (BIO)
Kronstraße 24, D-61209 Echzell
Tel.: 0049/6035/87216
Fax: 0049/6035/87275
www.allerleirauh.com

ANGELOW STEFAN
Klederingerstraße 27–29, A-2320 Schwechat
Tel.: 0043/1/7065884
Fax: 0043/1/7065846
info@angelow-samen.at

ARCHE NOAH
Obere Straße 40, A-3553 Schloss Schiltern
Tel.: 0043/2734/8626
Fax: 0043/2734/8627
www.arche-noah.at

AUSTROSAAT (AG)
Puchstraße 172, A-8055 Graz
Tel.: 0043/316/29550215
Fax: 0043/316/29550226
officegraz@austrosaat.at

AUSTROSAAT (AG)
Oberlaaer Straße 279, A-1232 Wien
Tel.: 0043/1/6167023
Fax: 0043/1/6167269
officewien@austrosaat.at

BAUMAUX GRAINEX
B.P. 100, F-54062 Nancy Cedex
Tel.: 0033/3/83158686
Fax: 0033/3/83158680

A. DUCRETTET
14, rue Rene Cassin, F-74240 Gaillard
Tel.: 0033/4/50950123
Fax: 0033/4/50955471
www.ducrettet.com

FERME DE SAINTE MARTHE (BIO)
Ulla Grall
Eulengasse 3, D-55288 Armsheim
Tel.: 0049/6734/960379
Fax: 0049/6734/960014
www.bio-saatgut.de

FLOVEG
Zur Bauernsiedlung 5, D-50354 Hürth
Tel.: 0049/2233/9499431
Fax: 0049/2233/9499435
www.kuerbis-company.de

HILD SAMEN
Postfach 1161, D-71666 Marbach
Tel.: 0049/7144/847311
Fax: 0049/7144/847399
www.hildsamen.de

JANSEN SAMEN
Postfach 300115, D-46399 Bocholt
Tel.: 0031/315/651235
Fax: 0031/315/654706
www.jansenzaden.nl

JULIWA-ENZA
Postfach 105880, D-69048 Heidelberg
Tel.: 0049/6221/530420
Fax: 0049/6221/530422
www.juliwa-enza.de
VERTRETUNG ÖSTERREICH UND DEUTSCHLAND:
Peter Schaich, Frauenstraße 16, D-73054 Eislingen
Tel.: 0049/7161/818028
Fax: 0049/7161/818127

KÜRBISERIE VOGLER
Falltorstraße 19, D-35440 Linden
Tel.: 0049/6403/71278
Fax: 0049/6403/940881
www.kuerbiserie.de

NEBELUNG BRUNO
Postfach 1263, D-48348 Everswinkel
VERTRETUNG ÖSTERREICH:
Dietmar Scherngell, A-8741 Weißkirchen
Tel. und Fax: 0043/3477/8216517
dietmar.scherngell.069@ad.nebelung.de

REINSAAT EMMELMANN (BIO)
A-3572 St. Leonhard am Hornerwald
Tel.: 0043/2987/2347
Fax: 0043/02987/23474
www.reinsaat.co.at

SYRINGA
Bachstraße 7
D-78247 Hilzingen-Binningen
Tel.: 0049/7739/1452
Fax: 0049/7739/677
www.syringa-saatgut.de

WYSS SAMEN UND PFLANZEN
Schachenweg 14c
CH-4528 Zuchwil-Solothurn
Tel.: 0041/32686/6868
Fax: 0041/32686/6800
www.wyss-blumen.ch

XOTUS SAMEN
Middelweg 1, NL-2626 LV Delft
Tel.: 0031/15/2146667
Fax: 0031/15/2137262
xotus@worldonline.nl

Informationsstellen

VERSUCHSSTATION FÜR SPEZIALKULTUREN WIES
Gaisseregg 5, A-8551 Wies
Tel.: 0043/3465/2423
Fax: 0043/3465/2844
www.verwaltung.steiermark.at

STAATLICHE LEHR- UND VERSUCHSANSTALT FÜR GARTENBAU
Diebsweg 2, D-69123 Heidelberg
Tel.: 0049/6221/74840
Fax: 0049/6221/748413
www.lvg-heidelberg.de

KÜRBIS-CLUB.CH
Naturhistorisches Museum
Augustinergasse 2, CH-4001 Basel
Tel.: 0041/61/2664478
Fax: 0041/61/2648034
michel.brancucci@bs.ch

Literaturempfehlungen

Für den Erwerbsanbau von Kürbissen gibt es nur wenig deutschsprachige Fachliteratur (Pfisterer, Pelzmann), für den Hobbygärtner ist die Auswahl an Titeln mit ausführlichen Anbauanleitungen kaum größer (Buchter-Weisbrodt, Kulmer/Weber, Schöner/Steiner). Dagegen gibt es unzählige Kochbücher, die sich rein mit dem Kürbis befassen. Nicht mehr im normalen Buchhandel erhältliche Titel finden sich oft noch bei privaten Versendern von Remittenten, die beispielsweise unter www.amazon.de vermittelt werden.

Brancucci, M. und Bänziger, E. (2005): Das große Buch vom Kürbis. Walter Hädecke Verlag, Weil der Stadt. ISBN 3-775003-95-9

Buchter-Weisbrodt, H. (2001): Kürbis & Zucchini. Verlag Eugen Ulmer, Stuttgart. ISBN 3-8001-3142-0

de Lestrieux, E. (1997): Der Kürbis und alles, was in ihm steckt. DuMont, Köln. ISBN 3-7701-3964-X

Elffers, J. (2001) Kürbisköpfe. Nicolai, Berlin. ISBN 3-87584-808-X

Gollner, R. (1985): Das Apicius-Kochbuch. Hinstorff Verlag, Rostock. ISBN 3-89836-155-1

Hammer, K., Gladis, T. und Hethke, M. (Hrsg) (2002): Kürbis, Kwano und Co. Universitätsbibliothek, Kassel. ISBN 3-89792-088-3

Kulmer, G. und Weber, J. (1997): Kürbisse in Küche und Garten. Leopold Stocker Verlag, Graz. ISBN 3-7020-0788-1

Nizzoli, A. (2001): Der Kürbis. Könemann Verlagsgesellschaft, Köln. ISBN 3-8290-1456-2

Pfisterer, M. (2001): Speisekürbisse. Verlag Eugen Ulmer, Stuttgart. ISBN 3-8001-3216-8

Reiterer, E. und F. (1994): Kürbis – von den Früchten, den Kernen und ihrem Öl. Verlag Christian Brandstätter, Wien. ISBN 3-85447-529-2

Robinson und Decker-Walter (1997): Cucurbits. CAB International, New York. ISBN 085199 1335

Schöner, B. und Streicher, H. (2005): Kürbis. BLV München. ISBN 3-405-16968-2

Seidl, E. (2000): Lust auf Kürbis. Eigenverlag, Gleisdorf. ISBN 3-9500-888-1-4

Skibbe, P. und J. (2000): Köstliche Kürbisküche. Pala-Verlag, Darmstadt. ISBN 3-89566-150-3

Bildquellen

Umschlag: Böswirth & Thinschmidt

Inhalt: Alle Bilder Helga Buchter-Weisbrodt

IMPRESSUM

E-Mail: buch@avbuch.at, Internet: www.avbuch.at

Die Deutsche Bibliothek – CIP-Einheitsaufnahme
Die Deutsche Bibliothek verzeichnet diese Publikation in der Deutschen Nationalbibliografie; detaillierte bibliografische Daten sind im Internet über http://dnb.ddb.de abrufbar.

PROJEKTLEITUNG: Claudia Stoifl
UMSCHLAG: Ravenstein + Partner, Verden
LAYOUT: Alexander Schuh,
o-büro für visuelle kommunikation, Wien
SATZ: armanda,geisler Wien
BILDREPRODUKTION:
Repro Ludwig Prepress & Multimedia GmbH, Zell am See
Hantsch & Jesch PrePress Services OEG, Leopoldsdorf bei Wien

DRUCK UND BINDUNG: AV+Astoria Druckzentrum, Wien
Printed in Austria

ISBN-10: 3-7040-2156-3
ISBN-13: 978-3-7040-2156-4